最短時間達至最高效益的唯一法則

梁佩玲 著

非凡出版

目錄

前言

做時間真正的主人

坊間有很多關於時間管理的書，都詳細地教授時間運用的要訣和技巧。然而，有多少人看完書，生活便真正得到改變？縱使有無數善用時間的辦法，也不表示你可以成功地「管理」時間，因為世事知易行難，要真正實行，需要的，是持之以恆的毅力和決心——一切從自律開始。你必須要建立正確的態度，才能有效引用各種方法和技巧，建立你的新工作方式和生活習慣。

這本書將帶你進入真正實行時間管理的人生。它不單告訴你一些運用時間的技巧，還有高效及有意義的生活態度。讀畢此書後，你會：

1. 有清晰的目標，知道自己想做甚麼和要做甚麼；
2. 分辨事情的先後次序和緩急輕重；
3. 知道自己是否朝着目標前進；
4. 選擇做對的事，而不是只惦記着把事情做對；
5. 講求效率，以最少的資源達至最大的成效；
6. 計劃每天、每週、每月，甚至每年要做的事，而且務必把它們完成；

7. 估計完成每事所需時間，並編排時間表行事；
8. 懂得在適當時候和環境說「不」；
9. 建立一套方法和技巧，減少被打擾；
10. 縮短在必須要做的瑣事上所花的時間；
11. 改善與別人溝通的技巧，促進了解和合作；
12. 抗拒拖延的誘惑，把「遲一點才做」的陋習更正為「馬上去做」；
13. 在精神、家庭、事業、社交、健康及財富各方面，取得平衡；
14. 好好把握自然流逝的時間，將之轉化為有用的時間；
15. 獲得更大的滿足感和自信心，活得更健康、積極、進取和愉快。

當你能夠揮灑自如、先後有序地安排自己的時間、把握自己的未來、編訂自己的生活、由衷地說「我掌握了自己的生命，我對生命無悔」的時候，你儼然已成為「時間的主人」。

第一章
時間管理的意義

人類都忽略了時間的可貴，失去它後，才懊惱不已。沒有了時間，萬事都不可行。

——哲學家　伏爾泰（Voltaire）

第 1 節

人生的必修科

時間是生命的單位，浪費時間即浪費生命。做人的意義及幸福，也取決於如何運用時間，以獲得最大的回報。

時間的價值在於是否應用得宜

大部分的上班族，每天上班、下班、擠車、排隊、工作、開會、會客，被一個個的框框制約着，生活刻板。更不幸的是，社會崇尚許多似是而非的觀念，好像越忙的人才越能幹，工作時間越長才代表肩負的責任越重。於是，人人都疲於奔命，分秒必爭，廢寢忘餐，務求在每天 24 小時內，成就最多的事，被時間牽制整個生活，成了時間的奴隸——這是多麼疲累的事啊！

事實上，生活的方式還是可以由我們自由選擇的，時間的意義還是可以由我們自行決定的——問題在於我們是否懂得活用時間。

如何有效地使用時間是一個重要的課題：使用得法的話，不論時間多麼短暫，也能令生活變得充實、有價值；使用不當的話，即使時間再充裕，也如同白過，其價值也就等於零。

我們需要明白：田裏的牛，再努力，也只是一條牛而已。

何謂「圓滿人生」？

人生由七大範疇組成，所有範疇每天只有 24 小時的限額分配。

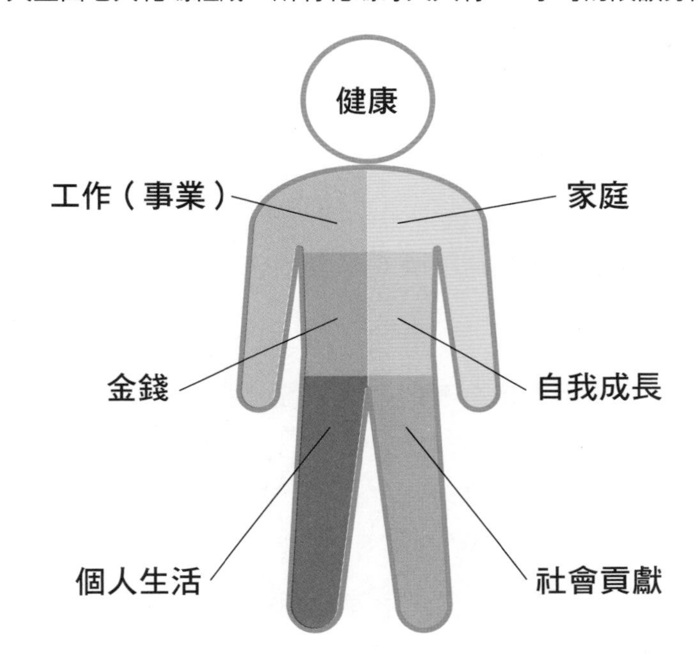

時間錦囊

管理時間是管理所有範疇的基礎及開端，若時間分配不當，七大範疇便會出現不平衡，甚至缺失，如此便難以稱之為圓滿的人生了。

唯有有效地使用時間，才能瀟灑地將接二連三的繁重工作處理妥當，才能享受生活中的種種樂趣，才能悠然地吸收新的資訊，才能站得更高，看得更遠。

在這 21 世紀的年頭、資訊爆炸的年代、急速變化的社會，唯有懂得自我管理，才能勝人一籌，在爭得朝夕之餘，也能爭得千秋。

人生就是跟時間競賽

讓我先從一個故事說起：

兩個一起到非洲考察的人迷了路，正當他們盤算如何是好時，但見一頭兇猛的獅子朝着他們跑過來，其中一人馬上從袋中拿出運動鞋穿上，另一人見狀，只搖頭說：「沒有用的，你怎也不能跑得比牠快！」

穿上運動鞋的人說：「我當然知道了，但在這關頭，最要緊的是——我要比你跑得快。」

這個故事讓你聯想到甚麼？是的，我們活在競爭激烈的世界裏，商業社會是一個弱肉強食、適者生存的世界，要活着，就要參與競賽。這場競賽的對手，可能是你的同僚，也可能是你生意上的競爭對手。也許，對你來說，他們都不難應付，**最令你感到束手無策的對手應該是時間！**

許多人都會認同，時間就好比故事裏的那頭獅子——「怎也不能跑得比牠快！」我們不斷嘗試走在牠的前面，好比想做事快一點，做好一點，於是把工作時間拉長一點，但長一點以後再長一點，到了極限，心力交瘁，最後還是慨嘆一句：「甚麼也做不到，沒時間啊！」

很諷刺地，雖然我們經常慨嘆人生苦短，但我們卻從早忙到晚，甚至廢寢忘餐，沒有家庭生活、休閒活動，每天就只是埋頭苦幹。回頭看時，卻感到沮喪、無奈、焦慮和懊惱。沮喪者因覺得一事無成；無奈者因不知還可做些甚麼；焦慮者因感時日無多；懊惱者因見做得不好，錯失了許多機會。

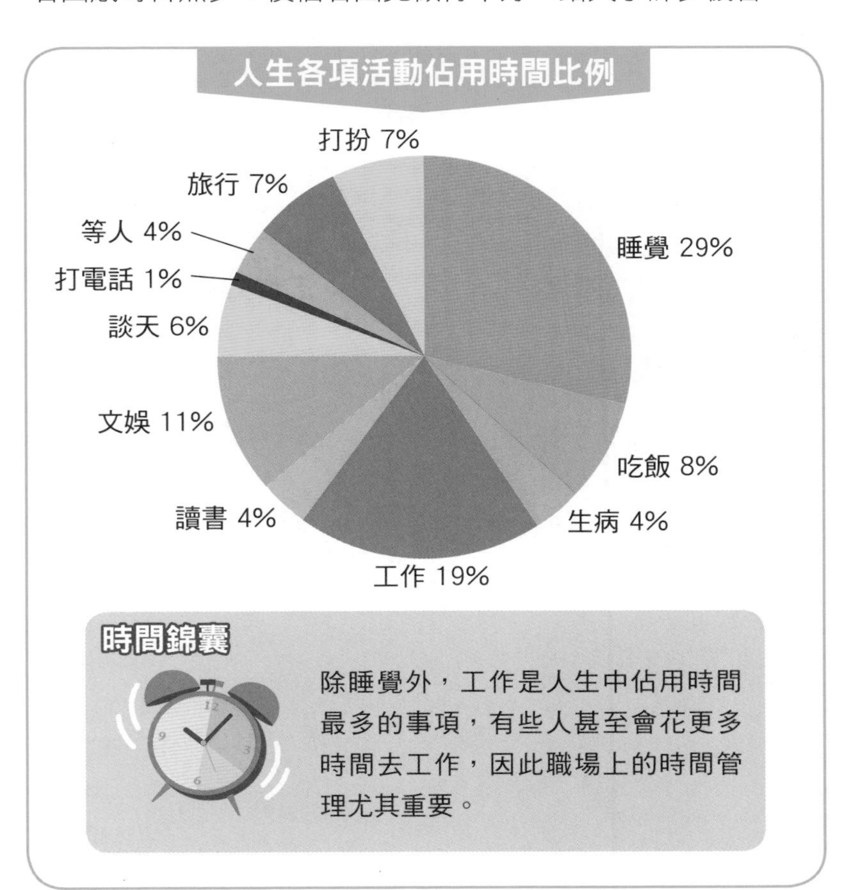

除睡覺外，工作是人生中佔用時間最多的事項，有些人甚至會花更多時間去工作，因此職場上的時間管理尤其重要。

適當分配時間，人生會更豐富

假如有人問你：「要是你今天就去世，你最感後悔的是甚麼？」你會怎樣回答？

美國亞利桑那州立大學（Arizona State University）教授堅立亞（Richard Kinnier）向數百人提出類似的問題，結果最多人回答的是「後悔沒有多讀點書」，其次是「沒有好好約束自己」、「沒有多嘗試新事物」、「沒有花多點時間與家人共處」。這些結果都顯示了一點——受訪者都後悔沒有爭取時間做工作以外想做的事情。

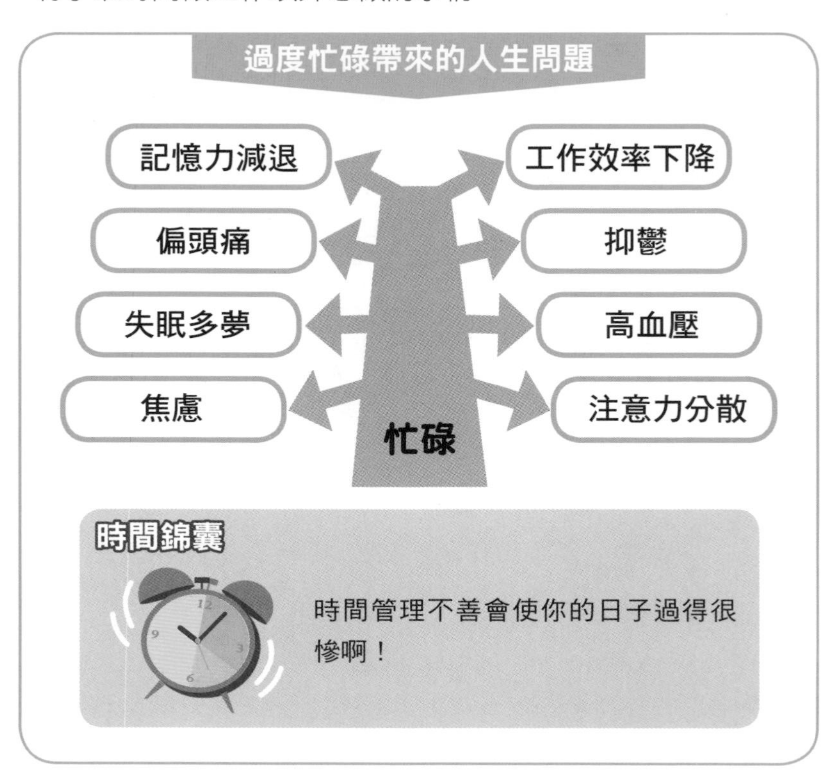

良好時間管理帶來的益處

生活

- 變得更均衡、協調
- 變得更有活力
- 有更多時間和動力，發掘自己潛能
- 促進家庭和諧

工作

- 提高辦事效率
- 提升工作系統
- 減低其他干擾
- 更能把握各種機會

團隊

- 提高集體紀律
- 建立高效團隊
- 增強隊員責任感

時間錦囊

管理好個人時間，不但自己受益，更為他人及工作團隊帶來好處。

你有相同的感受嗎？你有沒有仔細分析，**你的問題不是沒有時間，而是在分配上、在使用上出了問題——所謂「不患寡而患不均」**。

在學習時間管理前，請你先回答以下數個問題：

1. 你希望有更多時間做些甚麼？
2. 你想在哪一方面花少一點時間？
3. 你希望看到自己身上出現哪些前所未見的改變？
4. 透過這本書，你真正希望得到的是甚麼？

成功繫於充分利用時間

若要業務發展成功，充足的資源必不可少。說到資源，人們大多數馬上想到人力、財力、機器、原料等，而往往忽略了「時間」也是一種重要資源。

個人方面，如要事業成功，學問、經驗、健康、際遇等，當然是主要因素，但「時間」其實也舉足輕重。

「時間」是無形的，它不可以用金錢換取；「時間」是人類最重要的資產，因為其他東西可以被替代、補充，光陰卻一去不復來。

著名小說《動物農莊》（*Animal Farm*）中有一句名言：「所有動物生而平等，但有些動物比其他的更平等。」（All animals are equal, but some animals are more equal than others.）由此引申，我們也可以這樣說：「每個人都同樣擁有24小時，但有些人卻比其他人有更多時間。」那麼，這些人所享有的額外時間從何而來呢？

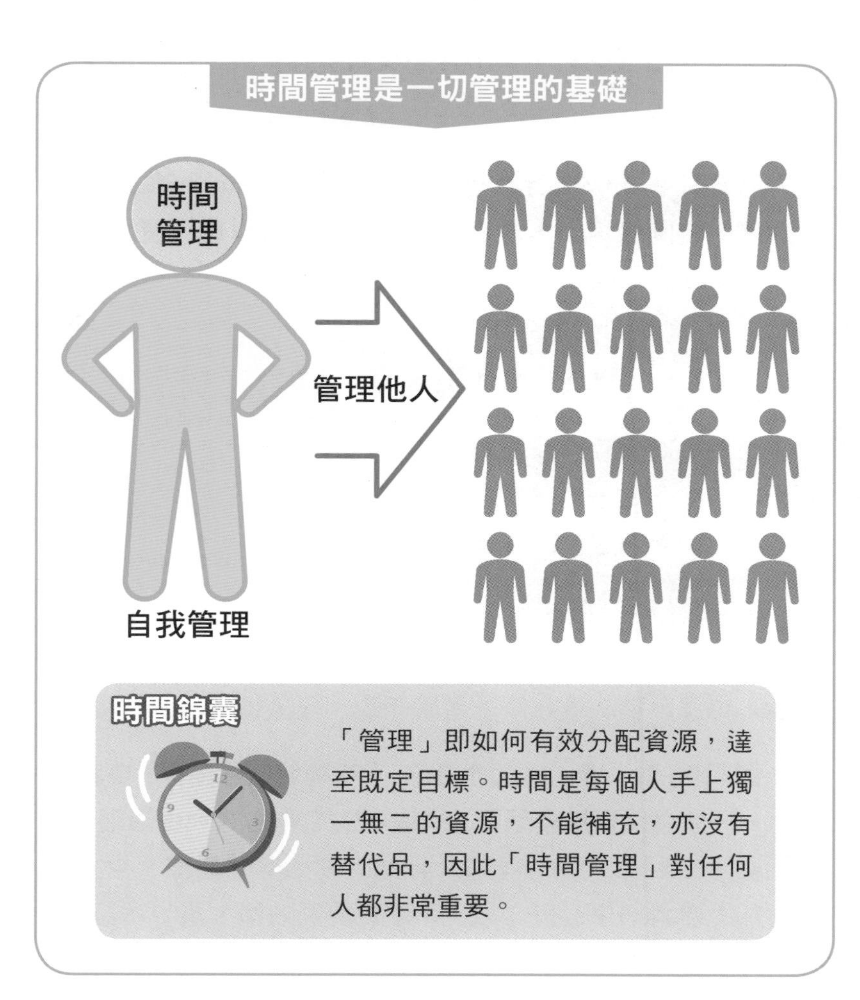

還記得當你接到別人寫了多種職銜的名片時的感覺嗎？還記得當你跟同屆同學的成就做比較時的感受嗎？還記得當你遇到一個彷彿有三頭六臂的小夥子時的感想嗎？既妬且羨是吧？你一定禁不住問：「為甚麼他們有這麼多的時間去做這麼多的事情？」

答案只有一個：**因為他們把時間用得其法——就是我們所謂的「時間管理」，令自己更有效率，可以處理更多的事情，肩負更重的責任。**

時間管理就是自我管理

那麼「時間管理」是哪一門的管理學問呢？其實，「時間管理」並不是一套艱深的管理理論，它的道理淺白易明，只在於你能否下定決心去實行。

首先，説去「管理」時間是不對的，因為時間是有規律、有節奏地以一分鐘六十秒、一小時六十分鐘的速度溜走，你不能、也沒有辦法讓它停下來給你去「管」和「理」。

要「管」和「理」的是你自己，「時間管理」就是「自我管理」——你必須要拋棄陋習，引進新的工作方式和生活習慣，包括要訂立目標、妥善計劃及分配時間、權衡輕重、權力下放，加上自我約束、持之以恆，才可提高效率，事半功倍。

「時間管理」不能只着眼於速度，光是快而沒有成效也是徒然。所以除了快，也要好，才稱得上有效率（efficient）和有效果（effective）。

效率與效果的分別

效果（effectiveness） 達成目標（發光）	效率（efficiency） 降低消耗（使用慳電膽）
 （一般燈膽） **耗電量高**	 （慳電膽） **耗電量低**

美國生產力促進局（American Productivity Council）就「生產力」作出一個計算方程式，即成果（output）除以投入資源（input）：

$$\text{生產力（Productivity）} = \frac{\text{成果（output）}}{\text{投入資源（input）}}$$

所得數值越大，生產力就越高；付出最少的同時獲得最大回報，就是贏。

——你想成為贏家嗎？

 騰出時間，發掘潛能

掌握好「時間管理」，還可提高生產力（productivity），有利未來長遠的發展。更重要的是，當生產效率提高，我們就能夠騰出空餘的時間來發展個人興趣和潛能。工作壓力減輕了，腦筋也隨之靈活起來，個人就更有創意和自信。著名心理學家艾力克森（Erik H. Erikson）表示，「創造力」（creativity）是成年人最重要的生活才能，他的理論是這樣的：在每個人的個性發展過程中，都希望別具創意，令自己與別不同，不然會感到失落和了無生氣，認為不能發揮自己，不能表現自己，不能成為社羣中傑出的一員。

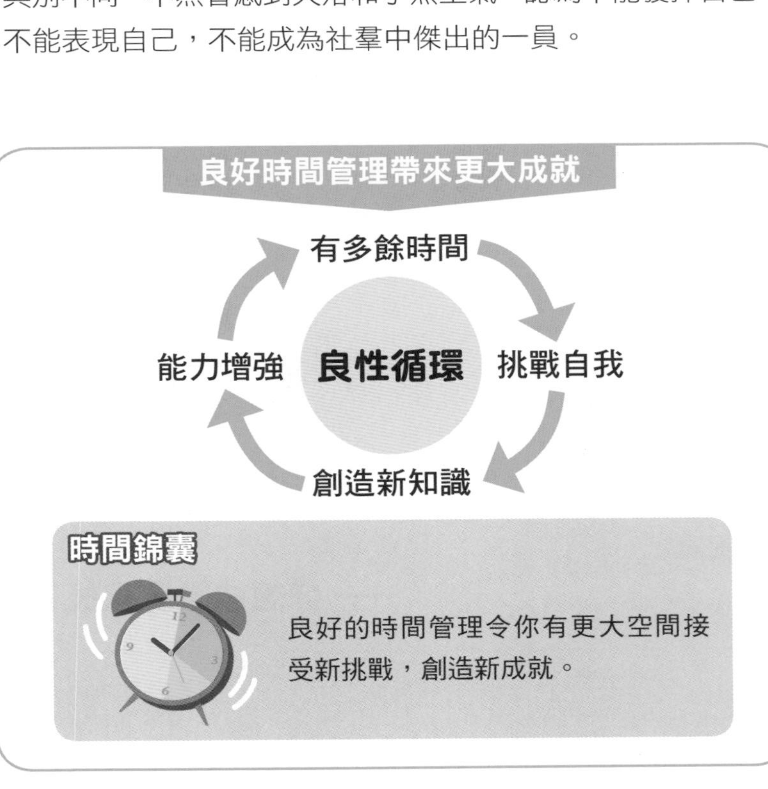

「成功人士」（無論是以金錢、地位或對社會的貢獻來衡量都可以）均有一個共通點——工作特別出色。他們之所以成功，不外乎做事效率高、效果好、生產力高、有遠見、有創意，這些正是良好的「時間管理」所帶來的好處。

「時間管理」不是教人把事情做得更快的技巧，也不是教人不眠不休地工作來爭取時間。**「時間管理」的目標是讓人們找出他們的問題所在，了解在時間安排上要做些甚麼和可以做些甚麼，繼而決定怎樣運用時間。**

你是否工作狂？

看一看你有沒有以下工作狂的特徵……

1. 認為「朝九晚五」是懶人的工作時間表
2. 幾乎每天都最後離開辦公室
3. 假如在週末、假日甚麼也不做，會感到非常內疚
4. 生活中並沒有 「非繁忙時間」
5. 有不停看手錶的習慣
6. 不論任何時候，想回辦公室便馬上回去
7. 對以下事情感到很不耐煩：
   a. 電梯停在某層樓不動
   b. 影印機需時「暖身」（warm-up）
   c. 等候電腦儲存資料
   d. 別人說話慢吞吞

第 2 節

一個時間延誤的故事

做任何事均需要時間，大部份人均視「時間」這種資源為理所當然，卻忽略「時間」一旦溜走，便無法補充，沒有其他替代品。

生活上充滿小沙石

在這一節裏，讓我說一個每天都可能發生的故事：

黃先生是某跨國公司的行銷部經理，為人勤奮，事事親力親為。每天工作十多個小時，就算是週末、週日及公眾假期都上班，從沒有怨言。在其他人眼中，他是好上司、好僱員，但黃先生心裏明白，其實他在自欺欺人，他忙啊忙，一天下來，總覺無一事有所成。在同一工作崗位數數看也差不多十年了，許多鴻圖大計、個人理想都不能付諸實行，心中經常感嘆：「沒有時間了！」

一天，總經理——也就是他的上司——跟他說：「小黃，下個月的董事局會議我休假，你代我出席好了。在會上，請你報告一下我們已談妥的來年計劃，這是你的機會，好好表現吧！」從總經理辦公室走出來，黃先生感到十分興奮。他心想，終於可以在一些關鍵人物面前表現一下，這一次許勝不許敗，必須在這一個月的時間好好準備。接下來的數個星期，黃先生還是每天忙這忙那，他心中是記掛着董事局會議的事，但心想還有時間呢，況且這樣重要的差事，必須要在絕對安靜的環境下才能構思和準備，遲一些再算吧！

檢視自己的工作性格

一刻獵豹型

伺機而動，無寶不落

隨性蝴蝶型

一切隨心，不計較成效

勤奮蜜蜂型

性喜勞碌，分秒必爭

被動樹熊型

任情況擺佈，飯來開口

時間錦囊

你是哪一類工作者？你的時間屬於你嗎？

時間在不斷的自我安慰中流走

所謂「光陰似箭，日月如梭」，直至有一天，黃先生驚覺拖無可拖——明天就是董事局會議了。他說：「好，今天甚麼也不要理，用一整天來準備，應該沒有問題的。」

正當他摩拳擦掌，準備要好好幹一番之際，電話來了，原來是部門的一個員工生了病，請他代為出席上午的一個會議和處理一些急件。身為上司，責無旁貸，反正大不了失去一個上午，下午還有好幾個小時呢。

開完會，吃過午飯，回到辦公室，正要開始做報告之際，秘書說老闆有事召見，原來副總經理收到一些有關黃先生部門職員的投訴，需要黃先生馬上調查，下班前給他報告。真要命！老闆的命令可以不理嗎？董事局那份報告怎麼辦？沒關係，下班後還有時間，而且那時更清靜，可以安心坐下來做，大不了不回家吃飯好了。跟被投訴的員工檢討過、見過老闆後，總算無驚無險，到六時了，可以開始今天要做的事了吧！黃先生坐下來，構想着怎樣做一個令董事們印象深刻的報告，開場白應該怎麼說呢？就在那時候，電話不斷響起來，秘書早已離開辦公室，只好自己接聽，更惱人的是那些都是無謂的電話！重新投入工作時，卻被早前一連串的小事弄至心神恍惚，想了許久也想不到甚麼。太疲倦了，還是先回家吧，吃過飯或許會精神一些。

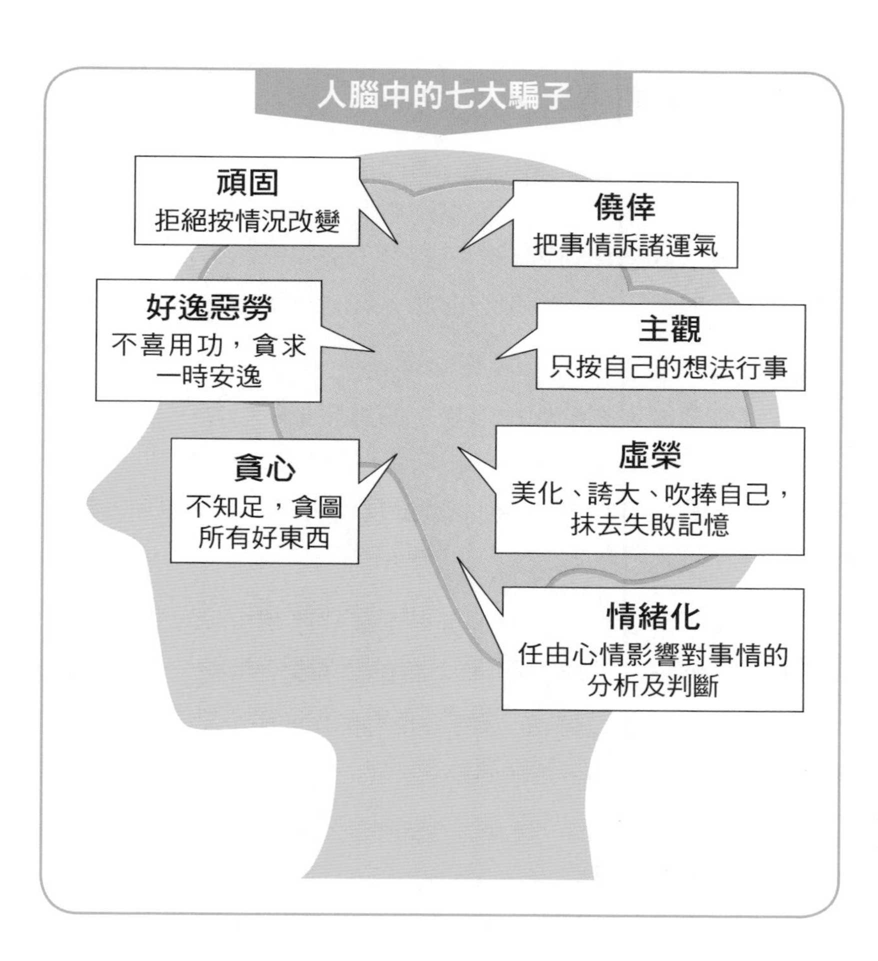
人腦中的七大騙子
頑固
拒絕按情況改變
僥倖
把事情訴諸運氣
好逸惡勞
不喜用功，貪求一時安逸
主觀
只按自己的想法行事
貪心
不知足，貪圖所有好東西
虛榮
美化、誇大、吹捧自己，抹去失敗記憶
情緒化
任由心情影響對事情的分析及判斷

不斷拖延，結果磨滅工作精神

下班時間總是堵車，回到家已快七點了，沐浴過後，吃完飯，正準備要工作時，電視剛巧播放四年一度的世界杯，黃先生最喜歡足球的了，豈可錯過，雖有一點內疚，但還是坐下來安慰自己說：「看一會兒，鬆弛一下，做事會事半功倍呢！」

球賽播映完畢，看一下牆上的鐘，十一點多，黃先生可有點焦急了，但越急越想不到東西，他狠狠摑了自己一巴掌，都是貪看電視之過，但現在甚麼靈感也沒有，倒不如先睡覺，明早四點起床再做吧。

四點，鬧鐘依時響起。黃光生習慣了賴床，半夢半醒地掙扎着，終於在五點多起床了，梳洗過後，坐在書桌前，洋洋灑灑寫了好幾頁紙，才發覺有些文件沒有帶回家，後面的部分做不成，那只好先回辦公室。

越趕忙，時間越走得快

早上，又是一輪交通擠塞，黃先生每看到巴士停在紅燈前都咒罵上帝幾句。回到辦公室已經是八點多，還不到兩個小時會議就要開始。就在一個多小時匆匆忙忙之後，黃先生終於完成了報告——**這一份報告，歷時足足一個月，卻實際只花了不到三個小時的實效工時（activity time）**——一份他本來希望是「一鳴驚人」的報告，結果倉促完工，黃先生最後感慨地說：「我時間不夠啊。」

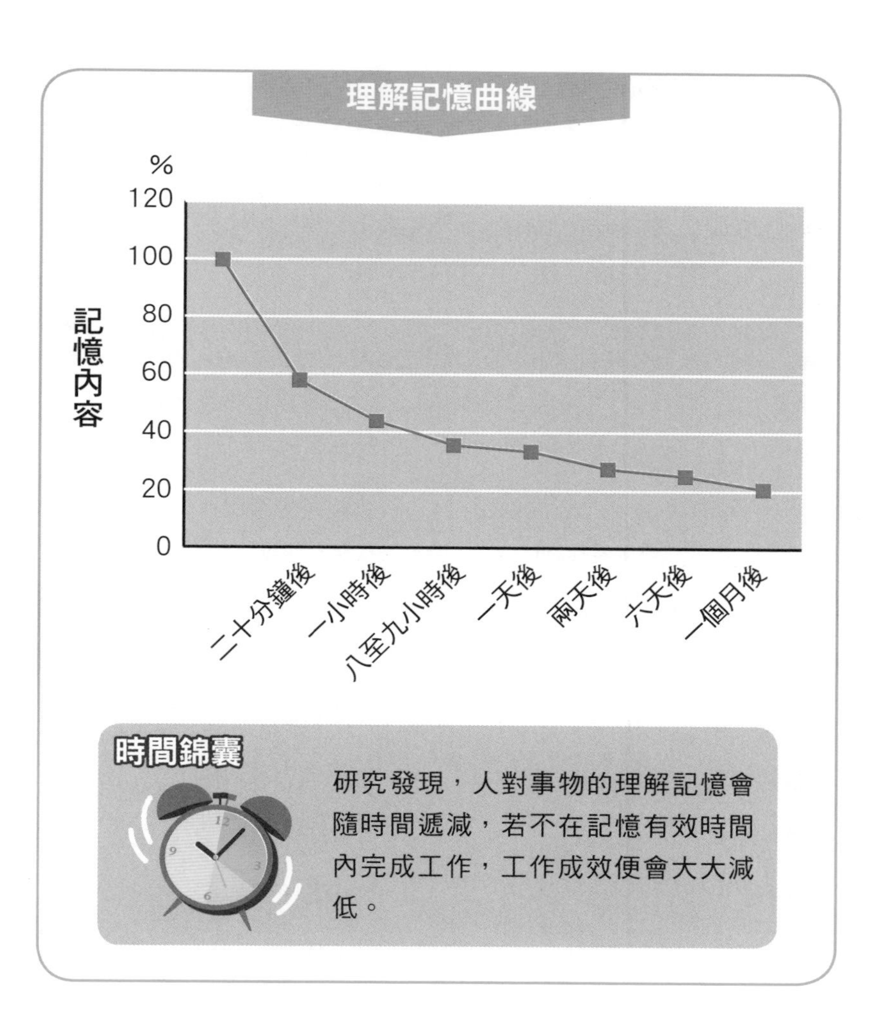

研究發現，人對事物的理解記憶會隨時間遞減，若不在記憶有效時間內完成工作，工作成效便會大大減低。

是的，黃先生每天都很忙，他絕大部分時間都是在工作，所以他認為自己沒有時間，這是理所當然的。但假如我們仔細分析黃先生的工作方式，我們不難發現他不是沒時間（其實上帝最公平，賦予每人每天同樣的 24 小時），而是在分配時間上出了問題，讓我們看看下列的圖表：

延誤	原因
❶ 沒有在第一時間把報告做好	沒有界定緩急先後
❷ 打算做報告的當天： ● 下屬生病，代出席會議 ● 上司緊急命令 ● 一些電話	 ● 突發事件 ● 緊急事件 ● 被打擾
❸ 下班回家	交通擠塞
❹ 看電視	不能自我約束
❺ 放棄工作，改為睡覺	不能自我約束
❻ 賴床	不能自我約束
❼ 沒有帶一些文件回家	善忘
❽ 上班	交通擠塞

以上的故事，你是否有似曾相識之感？上述的問題是否經常發生在你身上？事實上這是大部分人不斷遇到的情況！我們的問題不是沒有時間，而是你不經意、不自覺地把時間浪費掉；又或者是一些你放棄去控制的事情，霸佔了你的寶貴光陰。

好吧！在下一節，就讓我們詳細分析上班族如何把時間白白浪費掉——在管理學上，這些都稱為「時間殺手」（time waster）。

個人處事效率不佳的原因

1. 事情沒有立即處理
2. 想同一時間解決多樣工作
3. 無法辨識緩急輕重
4. 不懂利用已有資源
5. 只信任自己
6. 浪費過多時間於轉接過程

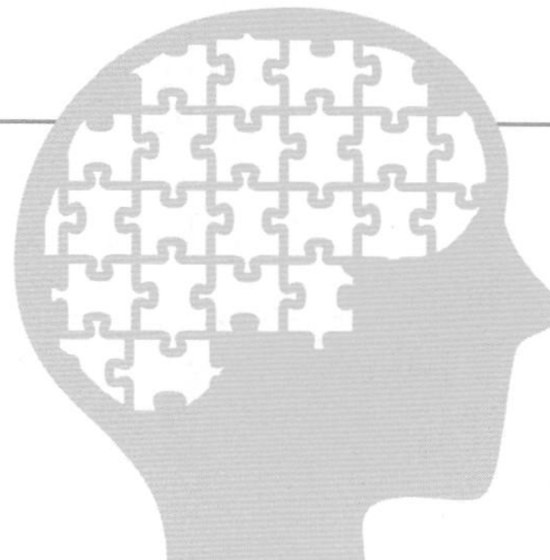

第 3 節

認識「時間殺手」

我們每天都自覺或不自覺地浪費了許多寶貴的光陰，結果總是徒勞無功，戰敗而回。

有形和無形的「時間殺手」

殺手可以是有形的，如持槍悍匪，也可以是無形的，如病魔。同樣地，「時間殺手」也分有形和無形兩種。

所謂有形的，是我們明明知道是浪費時間的事情，但又不得不做，又或者迫於無奈地去做。

就看辦公室裏所發生的事吧！不得不做者包括：

1. **接聽電話**——電話響了，就要接聽，因你無從選擇或預先知道來電者是何人，所為何事。
2. **打電話**——就算是你主動打電話給別人，也不能避免碰上短話長説、屢找不着的人。
3. **會議**——許多主管喜歡事無大小都召開會議討論，好處是民主開明，但最糟的是無關痛癢的人也被迫出席。再者，開會時並非每人都準時出席、踴躍發言或有效率地作出結論。
4. **突如其來的打擾**——無謂或沒有預約的不速之客偶然來訪，總要應酬或敷衍一番。還有同事之間的閒聊（gossip），雖可以增進了解，改善溝通，但談的大都是一些風花雪月、漫無邊際的事，不參與又好像顯得離羣，於是嘻嘻哈哈的又過一天。

5 **死板的官僚作風**——過於着重程序的官僚作風，其實不只限於公營機構，一些私人公司也犯有無論大小事情都要層層請示的毛病，於是衍生無謂的等候公文批示的情況。最令人不耐煩的是，有些上層為要顯示權威，吹毛求疵左批右改。若公文要通過幾層，各人喜惡不同，風格不同，做下屬的也就疲於奔命了。

6 **溝通問題**——人與人之間相處，難免有磨擦、誤解、煩厭等。**辦公室也是一個小社會，職員間若不能妥善地溝通，便會出現上述問題**。影響到工作層面的話，就會引起延誤、不協調、不合作等問題。

7 **辦公室政治**——有人的地方，就有是非、小圈子、黨團等政治化的事情出現。處理複雜的人際關係永遠要小心翼翼，就算你沒有結黨結派，也要如履薄冰，三思而後行。

8 **跟「有問題」的人共事**——這裏所謂「有問題」的人泛指不着重工作效益的人，他們的問題包括沒有時間觀念、溫溫吞吞、缺乏效率、態度懶散、倚賴性強、好辯、固執等。跟他們共事，就要花額外的時間解釋、監督、催促，而結果總是事倍功半。

9 **資源不足或過多**——資源不足所產生的問題，當然可以理解，比方説，器材不足，或未能配合現有需要，就要假手於人，所需的時間便較長了。在辦公室裏，員工最多投訴的事情總是人手不夠，器材不足，因而影響效率。相反地，老闆所見到的效率問題，則多是員工沒有盡心盡力，不懂工作。在老闆的算盤裏，人手過多總比人手不足問題為大。事實上，**根據心理學的責任分散理論（Diffusion of responsibility），人手過剩或資源過多是真的會影響工作效率的。**人總有惰性及倚賴性，總是要在責任分配清晰，及自我重要性明顯的情況下，才會盡情發揮。

⑩ **閱讀文件及郵件**——我們經常都要翻閱各類報告、企劃案、建議書等，這些文件大多冗長不堪，這是因為很多文職人員都誤以為報告或提案越詳盡便代表工作越用心，卻沒有從報告的目的出發來整理報告。還有各式各樣的郵件，與己有關或無關的總是一大堆，把它們全部閱畢，就休想還有精力時間處理其他事情。

⑪ **交通問題**——交通擠塞幾乎是所有大城市的必然情況。單是香港、台北、上海、北京等地，若把每天排着隊蠕動的汽車連接起來，足可橫跨太平洋海峽。上班族每天都要花時間在堵車、等車上，實在非常無可奈何！據統計，人的一生平均就有二十分之一的時間是在交通運輸工具上度過。

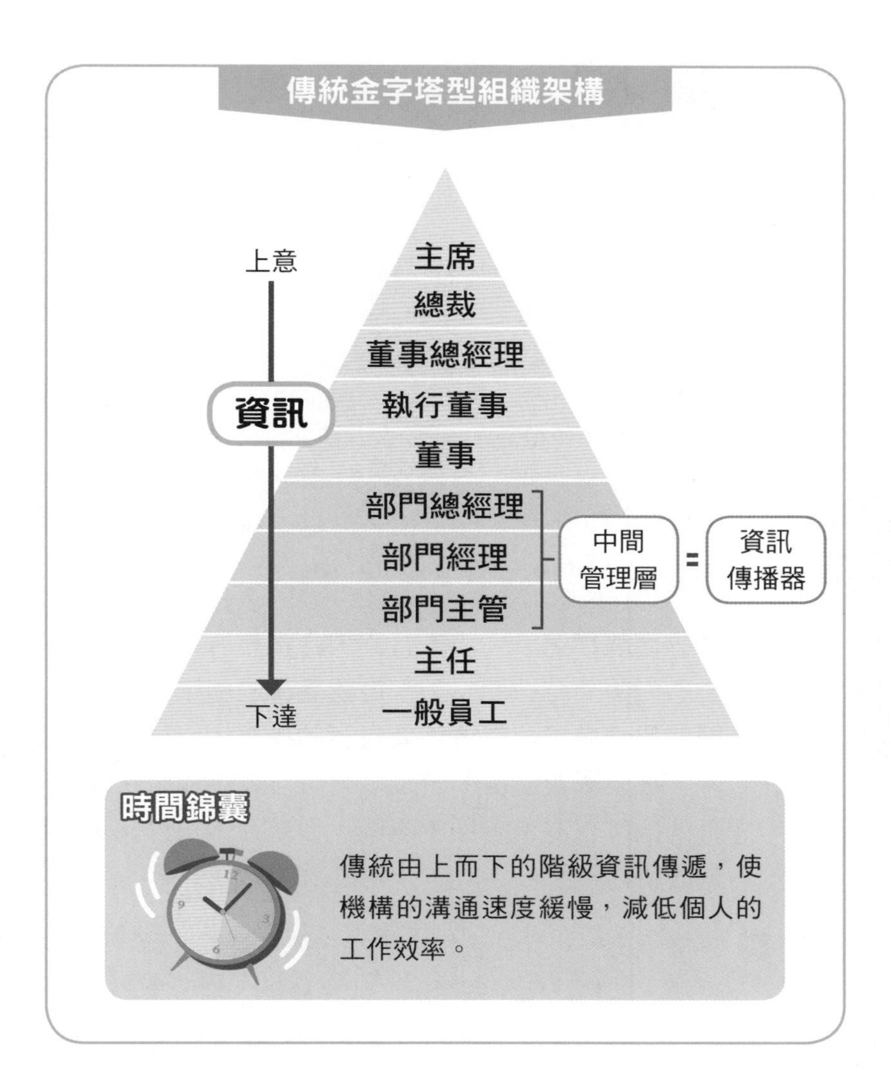

時間錦囊

傳統由上而下的階級資訊傳遞，使機構的溝通速度緩慢，減低個人的工作效率。

無形的「時間殺手」更難處理

至於無形的「時間殺手」，則是在我們不自覺的情況下出現。許多時候，問題都源於我們自己，當中包括：

1. **欠缺周詳計劃**——沒有目標、沒有策略、沒有程式，就沒有行動。就算是有行動，也只是散件裝配，因為行動不配合目標，到頭來往往走了冤枉路。

2. **不懂分辨緩急輕重**——做人做事，除了要有目標外，還要懂得分辨哪些目標為先，哪些事情為後。假如本末倒置，便成不了大事，終日埋頭在無關重要的事上，最終只會自我慨嘆「一事無成」。

3. **過分專注細節**——小心行事，當然是好事，但太過小心和關注每一個小節，**於雞毛蒜皮的事上都要過問或親自處理，就會降低自己的價值，增加工作成本，甚至影響進度。**如果事情親自處理與否所得出來的效果根本沒有顯著不同，從效益的角度來看，就很不划算了。

4. **猶豫不決**——有些人性格使然，總是優柔寡斷，一件事情，構想好幾十個情況，或預計一大堆後果出來，生怕這樣做會引起甚麼甚麼惡果，那樣做又會引起誰人誰人不快，於是寶貴的時間就白白浪費掉了。

5. **不懂說「不」**——通常這種人都是好好先生，對說「不」總存有一種不好意思的感覺，恐怕拒絕別人的要求會開罪別人，使人不快；又或是下屬不敢違抗上司的命令，弱者不敢與強權爭辯等等。但不懂說「不」的後果，就是令你終日任他人擺佈，別人事無大小均把事情推向你，令你把寶貴的光陰都花在沒有意義或與己無關的事情上。

6 **無謂的拖延**——通常你都會逃避一些不感興趣、不懂得怎樣做或覺得自己做得不好的工作。**拖延的後果是把本來簡單的一件事，因耽擱了而變得更為複雜**。而當事情到了避無可避的時候，由於難度更大，

職場常見的四大「時間殺手」類型

問題類型	規劃類	組織類	控制類	溝通類
問題核心	目標設定不明或方向錯誤	沒有制定明確流程、流程制定不當，或資源分配不佳	沒有進行有效的查核或管控	資訊傳達不當，或未能傳達／接收正確信息
發生階段	工作前期	工作前期	工作過程	任何時候

時間錦囊

「時間殺手」皆可被歸納為四大類型中，出現在不同的工作階段裏。

你大多會草草了事，最後成果當然不好，問題嚴重者更要重新再做，進一步浪費時間。

❼ **自我營造的「善忘」**——有些人天生善忘，這是缺陷，無話可説。但因事忙而不懂整理工作，壓力大而不懂自我調節，以致記憶力不能正常運作，會嚴重影響工作效率。

❽ **不懂授權**——權力下放是每個主管都應該要做的事，一來減省時間，可以騰出時間來做更重要或更符合自己職權的工作；二來可以使下屬對工作更有歸屬感。許多主管都不懂得如何授權或不捨得授權，他們自然成為每天喊「太忙了，沒有時間」的一羣 。

❾ **欠缺組織計劃**——做事欠組織當然難有作為，但簡單如文件分類、保持辦公桌整潔也跟辦事效率有莫大關係。假如每次都要東翻西倒才能把文件找出來，不要説花時間去找了，單是弄到眼花繚亂、筋疲力盡也夠費時失事了！

❿ **健康欠佳**——若要成就大事，必須先要有健康的身體，這道理顯淺不過，但現代都市人生活壓力大，作息不定，再加上不良的飲食習慣、缺乏運動等，更為他們帶來許多健康問題。大病固然會使工作停滯不前，小病如傷風感冒也會影響工作情緒及工作效率。

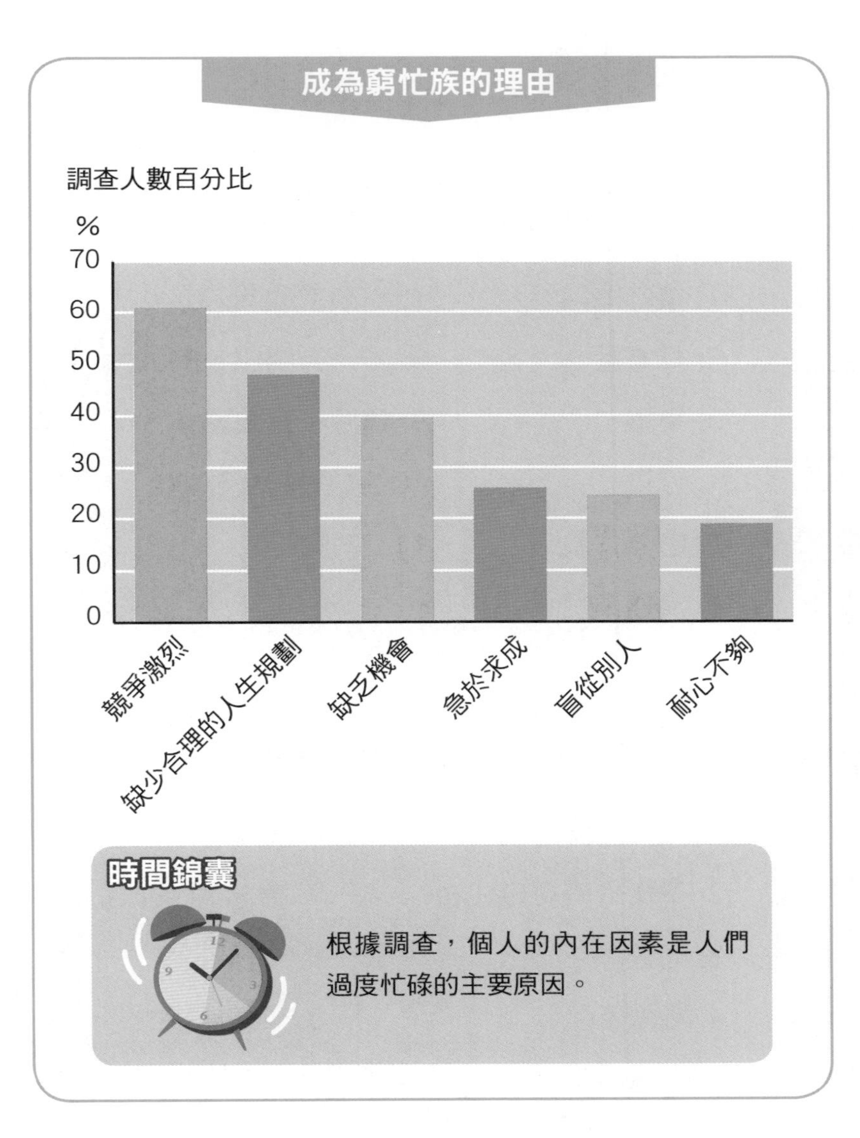

根據調查，個人的內在因素是人們過度忙碌的主要原因。

分析浪費時間成因

外部因素（有形殺手）

1. 接聽電話
2. 打電話
3. 會議
4. 打擾
5. 官僚作風
6. 溝通不足
7. 辦公室政治
8. 跟「有問題」的人共事
9. 資源不足或過多
10. 閱讀文件及信件
11. 交通擠塞

內部因素（無形殺手）

1. 欠缺周詳計劃
2. 不懂分辨緩急先後
3. 過分專注細節
4. 猶豫不決
5. 不懂說「不」
6. 拖延
7. 善忘
8. 不懂授權
9. 欠缺組織
10. 健康欠佳

把時間專注於……

1. 能夠產生效果的工作

改善

2. 只有自己能夠做的工作

成為時間管理高手

這些有形和無形的「時間殺手」，每天都圍繞着我們伺機而動，就好像細菌一樣，一旦有機可乘，便大舉進擊，因此我們必須建立好本身的「免疫能力」。**請立即仔細檢視自己身邊有沒有隱藏着上述的「時間殺手」，如有的話便立即針對問題作出改善。**現在是你行動的時候了，隨後的章節我們會為你講述如何利用科學化的時間管理術來提高工作效率。

知行合一

1. 檢視有甚麼「時間殺手」圍繞着你？
2. 哪些可以由你控制？
3. 哪些是你感到身不由己的？
4. 你可以做些甚麼去改善？

第二章

系統性工作管理

沒有計劃的生命，猶如看電視被人拿走了遙控器。

——時間管理大師　彼得・杜拉（Peter Turla）

第 4 節

目標為本

無論工作或生活，我們都必須先訂下目標，清楚知道要得到甚麼成果，才能弄清要做甚麼和如何去做。

時間管理即有效率地達成目標

說到卓有成效的時間管理，一般人的直覺就是把事情盡快做好。當然，做得快點早點完工，可省下時間做別的事。**但時間管理不單着眼於「量」（quantity），反而「質」（quality）才是最重要——即你所花的時間是否都能用在達至目標之上。**我們必須要求自己做事做得有效率和有效果。

如何才可以做到所謂的「多、快、好、省」呢？首先我們要訂下清晰的目標，繼而制訂能夠有效達至目標的計劃與行動。這一步往往是最難實行和做好的。

對許多人來說，花時間好好想想自己的目標和計劃，談何容易：「我們每天單是忙在日常的工作上，已透不過氣，還何來時間想這想那？」這正正便是問題的癥結——就是因為一開始時沒有清晰的目標和方向，每天才會弄得營營役役，蓬頭垢面，如一隻進了迷宮的老鼠。這一切都是一個惡性循環！

目標的性質類型

理性目標 rational goals	短期的工作目標，預期各個小計劃的特定結果
方向目標 directional goals	宏觀的長期目標，設定事業的整體方向
活性目標 muddling goals	隨環境而改變、不固定的目標，在變化急速的行業例如金融市場最為常見

目標對人生的影響

美國耶魯大學曾對畢業生做了一個長達 25 年的調查，發現在智力、學歷等條件都差不多的情況下，擁有不同程度的目標，足以左右一個人的成就：

比例	25 年前	25 年後
27%	沒有目標	生活在社會最底層，整天渾渾噩噩。
60%	目標模糊	生活在社會中下層，無功也無過。
10%	有清晰但較短期的目標	生活在社會中上層，在各自的領域擁有相當的成就。
3%	有清晰且長期的目標	成為各領域的頂尖人士。

另外，有些人不為自己設定目標，是因為他們對自己缺乏自主性，不敢接受改變，與其説是安於現狀，不如坦白承認是懶散，慣於現有生活模式，沒有勇氣面對新環境可能帶來的挫敗和挑戰，這些人最終當然只會一事無成。

清晰的目標能協助我們向正確的方向邁進，集中時間做有成果的工作，不致走許多冤枉路。我們中國人常説「只問耕耘，不問收穫」，以表達讀書人應有的情操，但從時間管理的角度來看，這觀念就要修正為「先問收穫，才懂耕耘」。

設定了將來預計的收穫（purposed results），我們便能據此找出有效的方法，也能按預計的結果來評估自己做事的情況（evaluation）。這個概念，就是管理大師彼得・杜拉克（Peter Drucker）的目標管理（MBO，Management by Objectives）理論的重心主旨。

清晰目標有助提升個人意志

確定目標讓我們可以集中意志力，使我們心無旁騖、專心一致地向目的地進發。這就好像賽跑選手一樣，因為目標清晰，他們在過程中都能進入心理學家所説的「神馳現象」（flow），把自己的能力發揮至極致，拼命朝着終點進發，以第一時間衝過終點。

我又想起另外一個故事：一位父親帶了三個兒子到沙漠獵取駱駝，結果大兒子和二兒子都空手而回，只有小兒子獵得駱駝，讓老爸開懷。父親問大兒子：「你在沙漠上看到甚麼？」他輕描淡寫地説：「也沒甚麼，只是大漠一片和幾隻

Flow（神馳現象）

完全忘我、只重過程而不拘泥於具體結果的心理現象。「神馳」的境界不但令我們愉快，也強化我們的自信心，有效提升我們抗壓、迎接各種挑戰的能力。

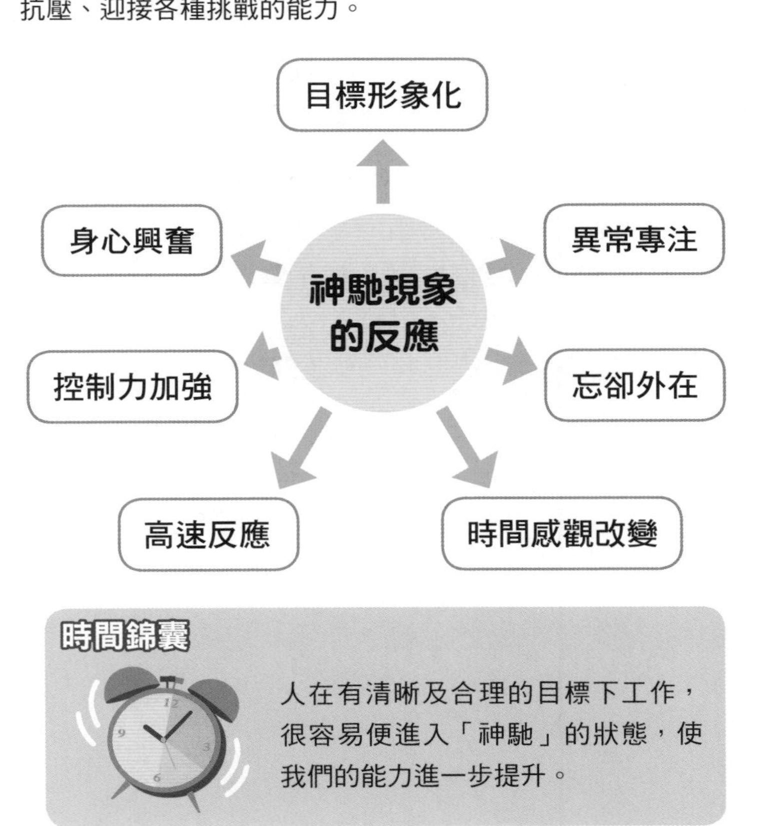

人在有清晰及合理的目標下工作，很容易便進入「神馳」的狀態，使我們的能力進一步提升。

駱駝而已。」二兒子呢？他又看到甚麼？他興奮地答道：「大哥看到的，我都看到啊，還有沙丘、獵人、烈日、仙人掌……我還是比大哥優勝吧！」小兒子呢？他認真地答道：「我甚麼也沒看見，只看到駱駝。」

在人生路途上，沒有目標恍若走在黑漆漆的路上，不知往何處去。目標為我們帶來期盼，刺激我們奮勇向上，期間可能偶遇挫折，但目標仍在，便能抖擻精神。

美國一個統計顯示，一個人退休以後，特別是那些獨居老人，假如沒有任何生活目標，每天只是刻板地吃飯和睡覺，儘管生活無憂，但他們的壽命一般不會超過 7 年。心理學家說：「沒有了目標，即如喪失了生存的意義，潛意識會把自己的身體機能及心理功能一步一步的關掉。」

所以，無論你是滿不在乎，還是興致勃勃，如果沒有清晰的目標，結果都是一樣的。大兒子和二兒子最後都是白走了一趟。

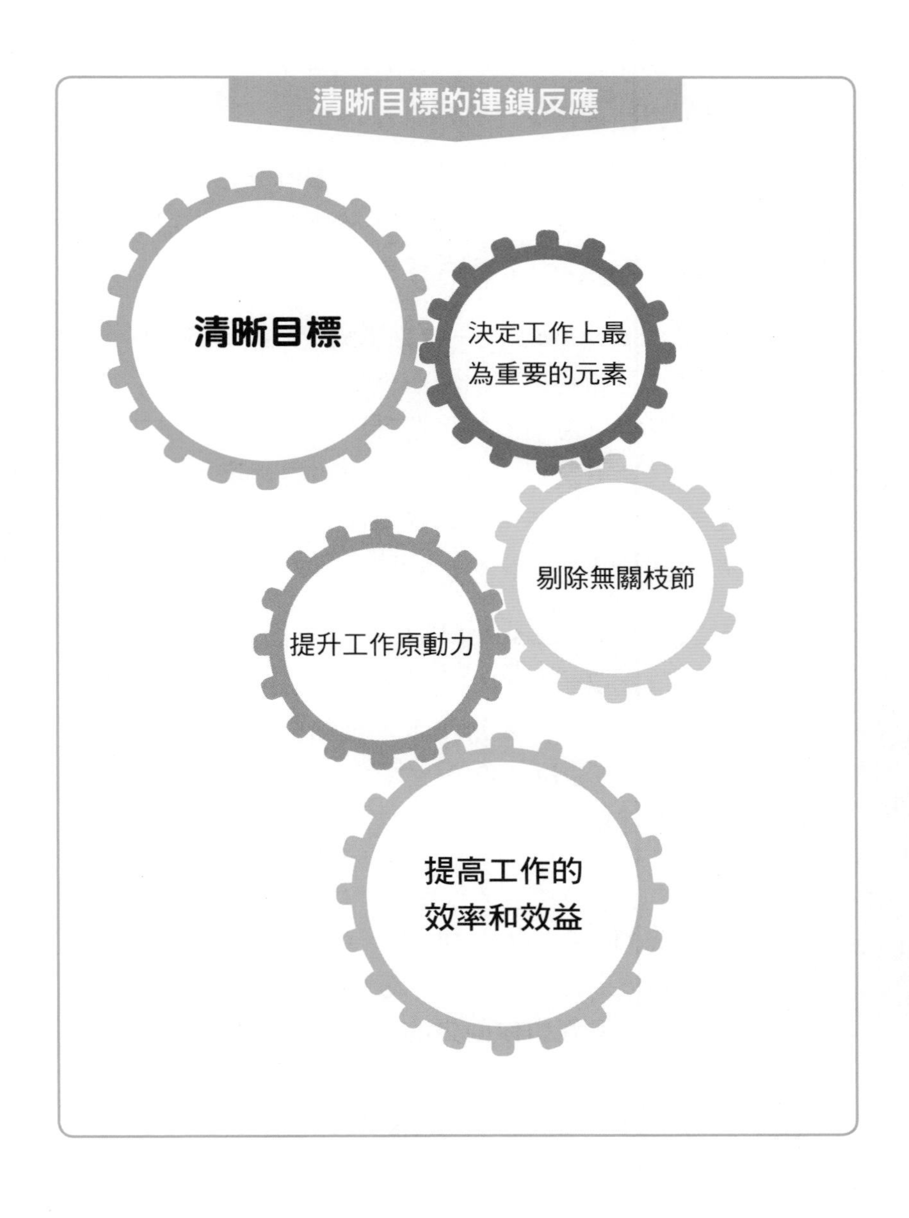
清晰目標的連鎖反應
清晰目標
決定工作上最為重要的元素
剔除無關枝節
提升工作原動力
提高工作的效率和效益

用 SMART 準則制訂目標

明白了目標的意義後，我們便要學習訂立具體而有效的目標。我們可按一套名叫「SMART」的準則，檢視自己的目標是否「具體而有效」，準則內容包括：

1. **明確（Specific）**——含糊不清或太廣泛的目標，都沒有效用和約束力。舉個例說，「增加銷量」就很不着邊際，何謂增加？在哪段時期增加？假如只是說「增加銷量」，多賣一件貨品也是增加！但是否已達到目標？明確的目標應該是「在 6 個月內增加 10% 的銷量。」

2. **可以量度（Measurable）**——作用是監督進度和評估成效。以前面的例子再看：6 個月內的銷售增長能否完全以數字表現出來，重點在於「銷量」這東西是否可以量度。如自己本身的營運系統不能把「銷量」準確量度出來的話，這個目標也是沒有任何意義的。

3. **可以達致（Achievable）**——不能達到的目標只是幻想、白日夢或空談。這不是說我們要把目標訂得很低，但**假如你面對的目標是那麼高不可攀，根本不可能做得到，最後只會落得中途放棄，白費時間。為此，我們可以在宏觀目標之下建立一些小目標（Sub-goal）**，這有助增加前進的動力。

目標的設定

把方向目標（directional goals）分拆為各個細小、短期執行的理性目標（rational sub-goals）

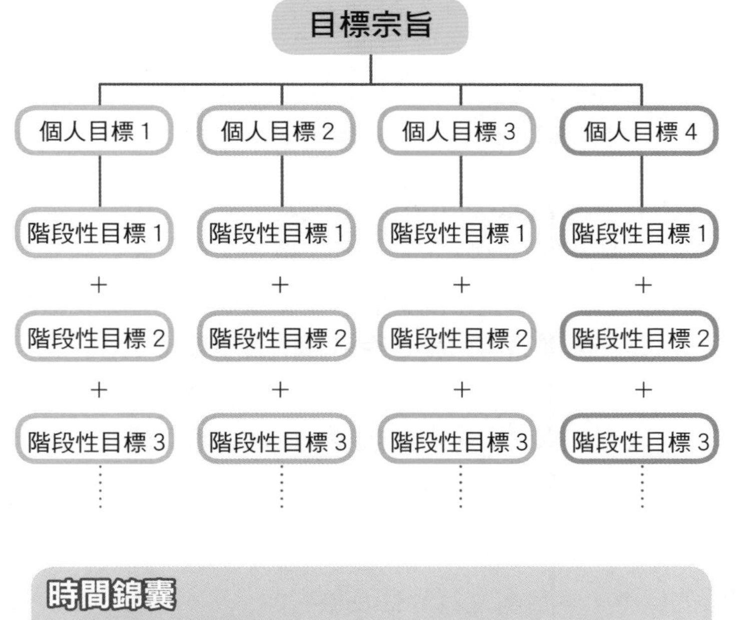

時間錦囊

在拆解個人目標後，工作者必須為自己設定階段性目標，以便隨時檢視目標進度，改善自己的工作。

4 **實際可行（Realistic）**——目標要合理，減少往後自我推翻目標的機會。目標是否可行，必須要把時間、資源、技術等列入考慮之列。譬如說：以現有的資金和人手分配，花一年的時間便可達到預期的目標；假如你把時間縮減為 3 個月，除非你獲得額外的資源，否則便是不切實際，注定失敗。而且同一時間或同一計劃內最好只訂立一個宏觀目標，因為多於一個目標可能會出現互相衝突的情況。

5 **有時間規限（Time-framed）**——為目標設定一個合理的時限，哪管它是一天還是十年。沒有時間規限的目標，很容易被我們用各種藉口延誤進程。**時間就是衡量是否有效率達至目標的量度單位之一。**花十年才把銷量增長 10% 與花 6 個月把銷量增長 5%，比較起來當然是後者成效更大。而有時間規劃的目標，也便於我們設定執行計劃（Executive plan）。

依照以上的「SMART」準則訂立目標，可協助我們制定客觀的標準，對目標進行評估及檢討。

SMART 目標制定法

Specific
具體
有明確的執行方向與操作

Measurable
可以量度
能以客觀的量度單位如金額、數量、比率等，去評估成果

Achievable
可以實現
執行者有能力達成

Realistic
符合現實
在現實環境中能夠落實

Time-framed
有明確時間表
設定合理期限，以便進行評估

時間錦囊

使用 SMART 訂立目標，能確保目標合理、可達成，大大幫助提升個人績效。

目標管理（Management by Objectives）

「目標管理」是一種技巧，透過建立符合 SMART 準則的目標，來提升組織或個人的績效。三個主要步驟為目標設定、目標執行及成果評價。

階段 1 目標設定

❶ 根據 SMART 原則設定宏觀目標

❷ 設定階段性目標

階段 2 目標執行

❶ 確認實際工作方向與目標一致

❷ 定期檢視階段性目標

階段 3 成果評價

❶ 自我整體評價

❷ 評估分項落實成效

❸ 提出改善方案

時間錦囊

錯誤工作一般源於對工作方向不了解，訂立具體目標有助避免上述問題，使人做事知其所以然。

工作以外的人生目標同樣重要

以下是一個真實的故事：

一個晚上，一位母親哄3歲的小女兒上床睡覺說：「乖，快點睡啊！明天將有一位好疼你的人來探你呢！」母親所說的是小女兒的外祖母。但小女兒一臉認真地說：「我知道是誰，是爸爸！」

一項調查顯示，大城市裏的男士，平均每天只有6分鐘與孩子相處。這些「六分鐘爸爸」都以工作太忙為由，而忽略了生命中其他許多重要的事情。

目標有許多種類，上班族心之所繫是事業上的目標，例如要在多少年內升上甚麼職位，賺多少錢，獲取怎樣的知名度等等。但除了工作上的事業外，我們應該有其他方面的生活目標，才是均衡的人生：

1. **個人方面**——為自己設定一些有關健康、休閒和興趣等的目標。

2. **家庭方面**——為自己的家庭發展設定一些目標。一些所謂的成功人士，家庭生活一團糟，連自己的孩子也視之為陌生人，賺再多的錢又有何用？應該留點時間給家人，讓家人得到健康的家庭生活，也可使自己的人生更為圓滿。

3. **社會方面**——施比受更有福，心理學也表明人若為社會作出了貢獻，所得到的快樂遠比賺取金錢的為多。在工餘時候，我們可多參加一些社會義務工作、慈善活動，讓心靈更充實。

除了以上較大的層面外，我們每天的行為活動，也需按着目標而為。簡單如「今天內我要把這份報告做好」或「要在一個月內減掉 10 公斤」，也可作為過日子的動力。

生命就是跟時間競賽，而標杆就是自己訂下的目標，成敗得失，就看你自己的一生所為何事了。

馬斯洛的需求層次理論（Maslow's hierarchy of needs）

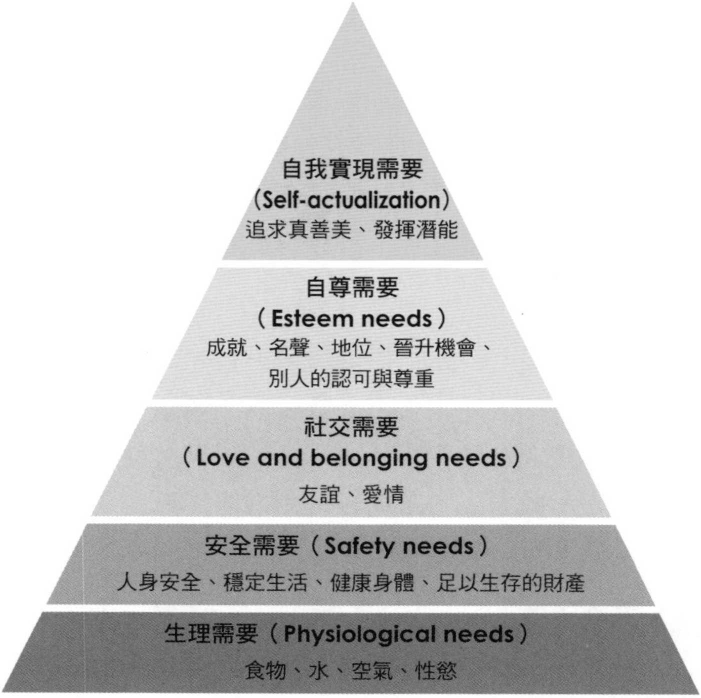

自我實現需要
(Self-actualization)
追求真善美、發揮潛能

自尊需要
（Esteem needs）
成就、名聲、地位、晉升機會、別人的認可與尊重

社交需要
（Love and belonging needs）
友誼、愛情

安全需要（Safety needs）
人身安全、穩定生活、健康身體、足以生存的財產

生理需要（Physiological needs）
食物、水、空氣、性慾

設定目標六部曲

自我放鬆

營造舒服、能夠發揮創意的環境

↓

梳理願望

了解自己想要的是甚麼，列出自己的各種願望

↓

自我分析

科學地自我分析達成各種願望的方法

↓

層層篩選

除去不切實際、微弱和短暫的願望

↓

設定期限

沒有時間限制的目標，只能稱為「夢想」

↓

自立契約

列明目標何時、如何完成，完成目標後如何獎勵自己

時間錦囊

有效設定目標，是邁向完整人生的第一步！

第 5 節

落實行動與計劃

西諺：「知道明天要做甚麼，今天活着才有意義。」

完整計劃必須包括行動和時間表

一份完整的工作計劃，必須包含行動和時間兩個元素。懂得分配時間，才能把計劃要做的事做好。引申來說，計劃的目的便是使我們知道要做甚麼和甚麼時候去做。

因此，雖説制定目標非常重要，但空有目標，沒有計劃和相應行動，最終也是流於空想而已。

一般來説，每項計劃都必須具備六個元素：

1. 結果——是甚麼目標？要達致怎樣的成果？
2. 行動——要做些甚麼？
3. 次序——哪些為先，哪些為後？
4. 時間估計——每項行動需要多少時間？
5. 時間表——甚麼時候處理甚麼事項？
6. 靈活性——有沒有預留時間給突發事件？

首三個元素是與工作有關，其他則為時間方面的安排。

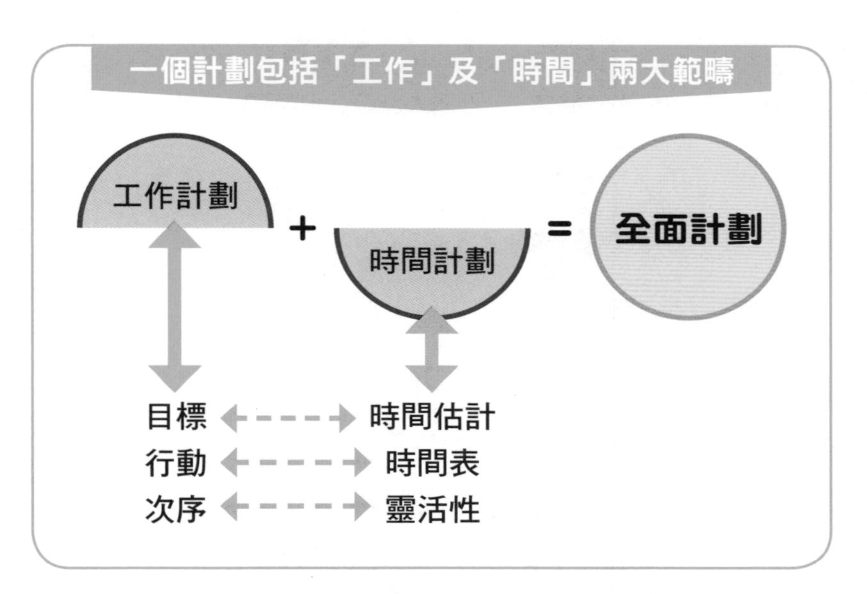

舉例，你有一個目標，你希望在某段時間內提高自己的學歷，拿一個碩士學位，那麼你必須要計劃修讀碩士課程，相應的行動可能如下：

1. 搜集有關碩士課程的資料（如瀏覽各大學網站、去信各大學索取章程、閱讀報章廣告、參加講座等）；
2. 比較各個課程優劣；
3. 衡量自己時間分配；
4. 徵求上司同意；
5. 與家人達成經濟和時間分配上的協議；
6. 填寫申請表及意向書，聯絡諮詢人；
7. 準備並出席面試。

好了，待你接獲取錄通知書，不要以為計劃大功告成，這只是一個段落的結束。課程開始前，你還需計劃：

1. 上課、工作和私人時間分配；
2. 訂出每星期閱讀參考書的時間；
3. 訂出做功課的時間；
4. 提早申請年休，以備考試；
5. 押後休假旅行，專心讀書；

有了這些詳細計劃，你才有動力付諸行動，否則你只會繼續埋首在無關的事情上，一年兩年過去後，當別人高高興興戴上碩士帽時，你只會慨嘆：「我太忙了，沒時間上課啊！」

利用「原動力強弱分析」作自我檢討

在你的計劃裏，除了要訂出需要執行的事情外，還要列明期限，即所謂「死線」（deadline）。再以念碩士課程為例，你需要列明在一個月內要做好資料搜集，而比較課程優劣則需要一個星期等等。有了時間限制，才會形成迫切感，推動自己有所行動。

假如你還是猶豫不決，我建議你做一個自我檢討。「原動力強弱分析」（force field analysis）由管理大師洛維斯（Kurt Lewin）提出，是策略性計劃（strategic planning）的一種。再以報讀碩士課程為例，你的「原動力強弱分析」會是這樣：

目標：兩年內完成兼讀碩士課程

妨礙你達致目標、令你感到意興闌珊的因素	支持你達致目標、令你有雄心壯志的因素
1. 工作太忙 2. 沒有急切需要 3. 怕體力應付不來 4. 怕追不上課程 5. 害怕考試壓力	1. 比較自己與別人的學歷、成就 2. 希望有更好的發展 3. 希望改善生活 4. 希望高人一等 5. 吸收新知識、新事物
減低負面影響的策略	強化正面影響的策略
掌握「時間管理」的要訣，妥善分配時間；以修畢課程為當前首要目標。	確信成功所帶來的滿足感和實際的回報，在腦海裏設定一幅幅的成功景象，並以某些成功人士為典範。

做好分析後，接着就是化策略為行動了。這樣深層次地去了解自己的優劣，所花的時間可能只需一個半個小時，但卻為日後省回不少碰釘子、出亂子或拖延的時間。

擬訂計劃六部曲

1. 確定目標
2. 搜尋完成目標的各種方案
3. 選定最佳方案
4. 將最佳方案轉化為每月或每日的工作事項
5. 編排每月或每日的工作次序，加以執行
6. 定期檢討目標的現實進度，以及方案的可行性

甘特圖（Gantt Chart）

以圖像化的方式，比較工作的預期與現實進度，讓人容易掌握工作進行的狀況，確保任務如期完成。

使用方法：預先列出各項工作的預計開始、結束時間，並定期更新實際工作進度

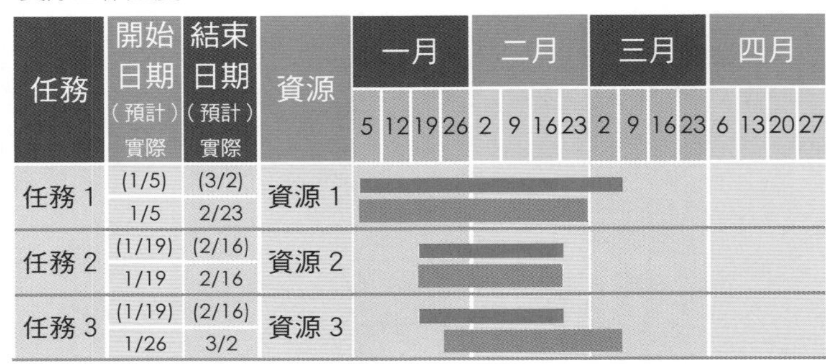

任務	開始日期（預計）實際	結束日期（預計）實際	資源	一月 5	12	19	26	二月 2	9	16	23	三月 2	9	16	23	四月 6	13	20	27
任務 1	(1/5) 1/5	(3/2) 2/23	資源 1																
任務 2	(1/19) 1/19	(2/16) 2/16	資源 2																
任務 3	(1/19) 1/26	(2/16) 3/2	資源 3																

為自己作長、中、短期計劃

前面曾經說過，除了個人、家庭、事業等大計外，我們每天、每月、每年所要處理的事務也必須要有目標和計劃。上班族一般的怨言是：「每天都有突發事，要不然就是各種繁瑣事務纏身，計劃一番也是徒然！」其實，這不是命運使然，而只是時間分配是否得宜的問題！好像我們念書時，總羨慕那些「十項全能」的同學。讀書成績棒不在話下，他們連體育、音樂、藝術也樣樣精通。我們很多時只是認命，認為他們得天獨厚。但現在很多專家都告訴我們，從先天而言，人的資質其實不會相差太遠，後天培養才是最重要的。那些入水能游、出水能跳、品學兼優的同學是因為他們能夠把握擁有的時間，把時間分配得宜罷了。

如何分配時間？**你必須訂下長、中、短期三種計劃。**

長期規劃是為了整個事業生涯作打算。如前一節所説，每個人都應該為自己制定一個宏觀的整體人生目標，讓自己的生命可以活得有意義，也使自己有着清晰的人生方向，這就是「人生管理」的關鍵。每個人都必須在一個能夠自我成長的環境當中好好努力工作。對此，管理學之父杜拉克提出三項重點：

1. 知道自己的長處；
2. 知道自己擅長的工作方式；
3. 知道自己的價值觀。

至於中期計劃可以年度來計算。小時候老師常常說「一年之計在於春」，其實在春天才計劃可能已經晚了，許多公司早在一年多前便要計劃下年的發展。個人工作來說，也可在每年的十月或十一月來做，訂出下一年的目標和計劃，計劃形式包括周期性、季節性或偶一為之的。這些計劃不需要太詳盡，一個大綱其實已足夠了。

而一些較短的中程計劃可以是以兩三個月為限，或少至一個月的。這個計劃要比較詳盡，包括要在甚麼時候完成甚麼事情。

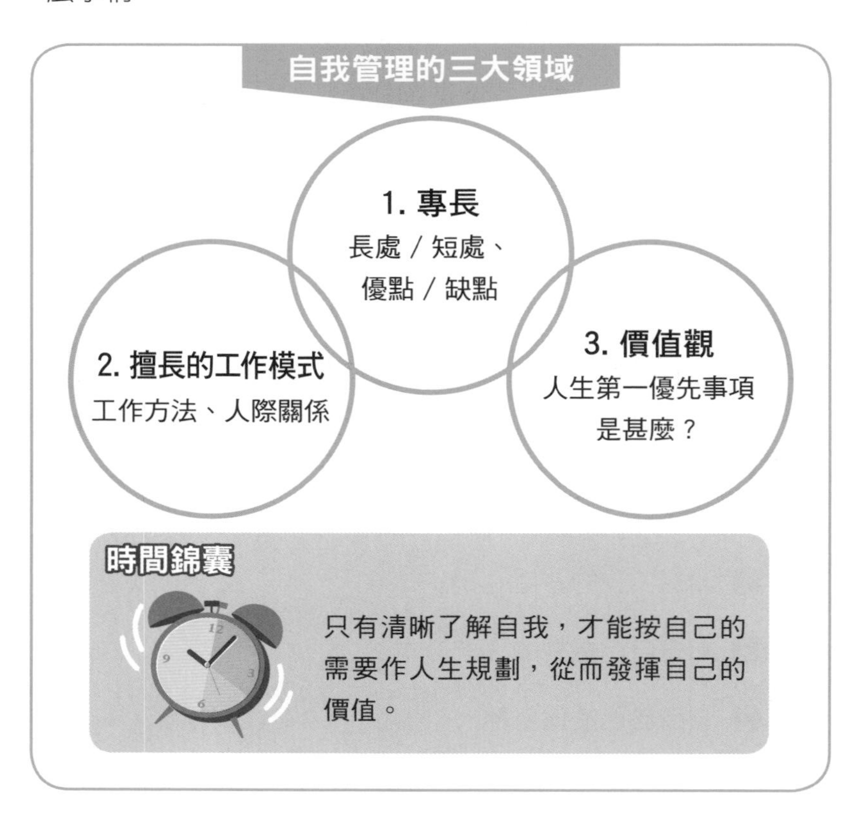

人生事業生涯的長遠規劃

第一生涯
18-30 歲

18 歲 從學校畢業，初進社會。
▼
30 歲 確定工作目標，事業開始定型。

▼

並進時期
35-55 歲

35 歲 事業奮進期，積極確立地位。
▼
45 歲 事業黃金期，地位確立，從管理個人到管理團體。
▼
55 歲 第一事業收成期，邁向思考性的人生。

▼

第二生涯
55-75 歲

跳出第一事業生涯，發掘其他的人生價值。

時間錦囊

人生事業生涯的重大變遷可分為三大階段，每個階段也應作出相對應的人生規劃。儘管實際年齡及時間長短因人而異，但所經歷的過程也都一樣。

堅持每天準備一張 To-Do List

短期計劃即是每星期、甚至每天的計劃，你要把長、中期計劃中所列出的事項，撥入每天的時間表裏，逐步實行。你可以定期於每個週末鎖定下週的時間表，首先預留已約好的會議、約會或面談等等所需的時間；然後再預留時間處理每天必然發生的事，包括講電話、閱讀文件、被打擾、應付上司等；最後把你計劃中要做的事如寫報告、做企劃案、年終考核等加插在主要空格內。記得要實際一點，**不要把每天的時間表填滿，你還要預留時間給突發事件，以及讓自己偶有空間鬆懈躲懶。**

至於每天的「執行事項清單」（to-do list）可以在前一天下班前或當天上班前花 10 分鐘來做，這個清單有溫故知新的作用，你要把昨天未完成的事、今天要做的事都一一列出來，然後列明先後次序、所需完成時間等（如右圖），讓自己醒覺，給自己壓力。當你完成某件事，在清單上把它刪去，那種滿足感和快感也是推動你繼續努力的泉源。

美國鋼鐵大王史唯（Charles M. Schwab）曾經向人透露一個令他終身受惠的點子，讓他把百利恆鋼鐵發展成為全世界最大的鋼鐵王國。那點子非常簡單：

「我會寫下明天要處理的重要事務，然後把他們依重要性排列。當早上回到辦公室，馬上處理第一項，直至把它做完。然後再檢視清單，看有否需要重新排列先後次序，接着處理第二項。如果任何事情需要花上一整天的時間，就花一整天吧！你必須要堅持，一定要把它做完。」

自此，to-do list 便成為美國行政人員爭相仿效的方法。

每天的「執行事項清單」（*To-Do-List*）圖例

日期	今天主要目標		
次序	事項	何時處理	所需時間

日常大小事項，也要有安排

有沒有想要跟誰見面或通電話？

有甚麼東西要買？

公司有沒有專案或任務要執行？

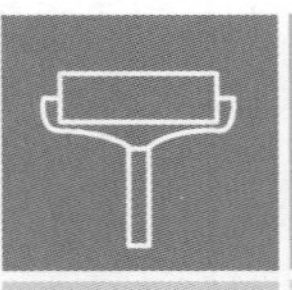

家裏有甚麼需要清洗、修補、整理？

最近的興趣是甚麼？

預留時間彈性

在分配時間上，要緊記兩個定律：

❶ **柏金森定律（Parkinson's Law）**

每項工作都可以無限期地霸佔你的時間，如果你不設時限，它便會佔用你的所有時間。

❷ **梅菲定律（Murphy's Law）**

每項工作所花的時間都會比你想像中的長，你會低估工作所需的時間，或高估自己的能力。

無論出現哪種情況，都必然會打亂你的程序和計劃。你面臨的考驗是：**凡做任何事情，都要具有靈活性，既要留有足夠的時間，但又不會過多。**

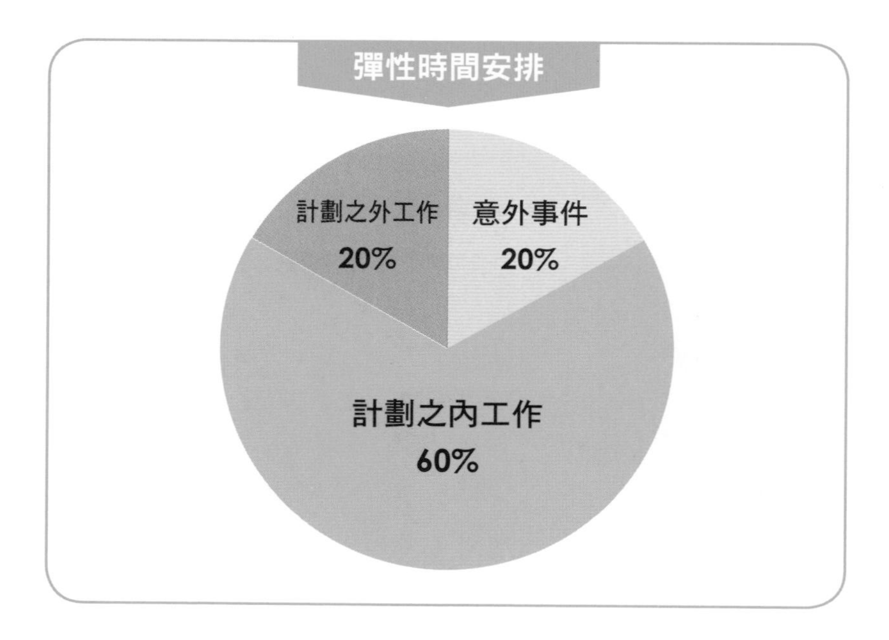

行事曆

時間	星期一	星期二	星期三	星期四	星期五
09:00	處理 E-mail	處理 E-mail	處理 E-mail	處理 E-mail	處理 E-mail
10:00	員工會議	企劃案 C 一小時	簡報	業務拜訪	參加培訓
11:00	企劃案 A 一小時	面試新員工	會議 C 預會 兩小時		
12:00	午餐約會	午餐約會	午餐約會	午餐約會	午餐約會
13:00	會議 A		會議 B	會議 A	
14:00	企劃案 B 一小時	供應商 說明會			
15:00		企劃案 E 一小時	企劃案 E 一小時		
16:00					擬定 一週計劃
17:00	處理 E-mail		處理 E-mail		
18:00		處理 E-mail		處理 E-mail	處理 E-mail
19:00	企劃案 A 最後時限		撰寫 會議報告		
20:00					
	待辦事項	待辦事項	待辦事項	待辦事項	待辦事項
	1. 準備會議資料	1. 致電 Peter	1. 考察	1. 考察	1. 向公司報告

時間錦囊

我們應習慣訂立清晰的工作日程表。每週花點時間安排自己的工作，令之後做起事來更輕鬆暢順。

有了目標、計劃和行動後，如果能加上定期檢討，就更完美了。當我們每做完一件事，每實行一個計劃之後，都應提出以下問題：

1. 我本來打算做甚麼？
2. 我結果做了甚麼？
3. 出現甚麼差異，為甚麼如此？
4. 我有沒有好好利用時間？
5. 我得到甚麼教訓？

這些問題都可以幫助我們避免重蹈錯誤的覆轍，以免費時失事。我們關心的不只是如何節省時間，而是有效地、聰明地把時間和精神花在值得做的事情上。

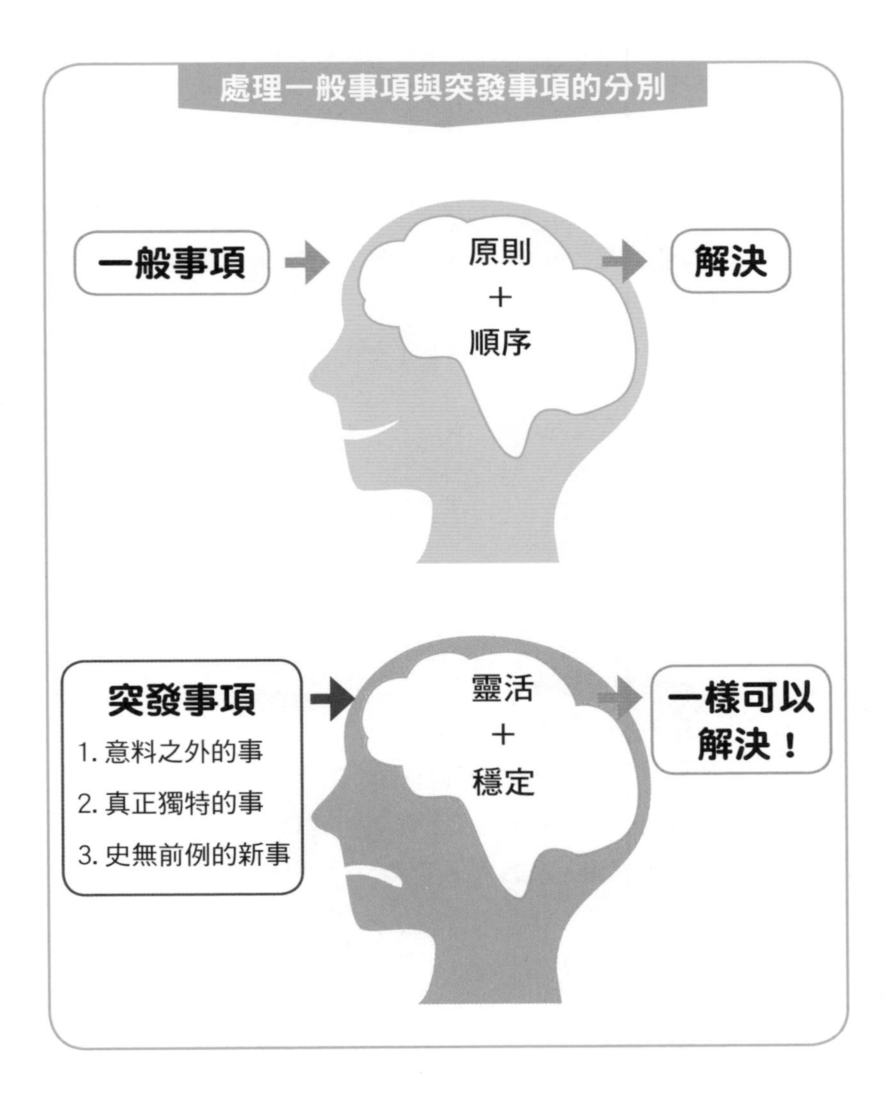
處理一般事項與突發事項的分別
一般事項
原則
＋
順序
解決
突發事項
1. 意料之外的事
2. 真正獨特的事
3. 史無前例的新事
靈活
＋
穩定
一樣可以
解決！

制定時間計劃的要點

1. 不要考驗自己的記性

自己訂下的計劃必須以工作簿記錄下來，以免有所遺漏。

2. 計劃表應該簡單易明

確保自己可以在同一個地方，看到所有的待辦事項，並且能方便地檢查進度。

3. 嚴格檢查執行的情況

嚴謹對待自己所訂的計劃，不能得過且過。為了做到這一點，你應該：

- 檢查預定的時間
- 預算完成工作所需時間
- 根據預算結果擬定具體行動
- 在執行過程中，認真地檢視執行狀況
- 如有需要，及時修正工作中未按計劃進行的部分

4. 限制計劃表上的項目

要量力而為，同一時間不能進行太多項的計劃，以免最後一事無成

第三章

時間運用法則

我們或可接受只用少許時間在重要的事項上，卻絕不接受花很多時間在瑣碎的事項裏。

——商業哲學家　吉姆・羅恩（Jim Rohn）

第 6 節

權衡「緩急輕重」

我們不只要把事情做好（doing things right），更重要是做正確的事（doing right things）。界定緩急輕重，正是此理。

職責與事務的分別

當被別人問到工作的職責是甚麼時，我想有許多人都會鉅細無遺地把每天要處理的事務說出來。其實兩者有很大差別，正因為理解上的差異，我們在界定工作上的輕重、緩急和先後時，往往就處理不當。

首先談談職責（duties）和事務（tasks）的分別。前者是每位僱員在其職權範圍內所要履行的責任，是公司最基本的要求。比方說，培訓部的經理專職研究公司內部的培訓所需，策劃並設計有關課程。但這位部門經理，正如許多主管一樣，每天都要處理大大小小的事務，開會、接電話、聯絡、溝通、做報告、閱讀文件等等，令他應接不暇。是否他把每天的「事務」都做好就是盡了職責呢？是否這樣他就能受到器重、升職有望呢？

答案是否定的。公司聘用他，目的是要他發揮所長，配合公司的成長，制訂員工培訓計劃，令公司得益。做老闆的不會管你每天有多忙，忙的「事務」是甚麼事情，他要看到的是成績。

所以，**上班族必須要懂得權衡輕重，把你的「職責」和「事務」分辨出來。重者（職責）為先，輕者（事務）屬後；**重者應投放多些時間，輕者少之，便最合乎邏輯不過。

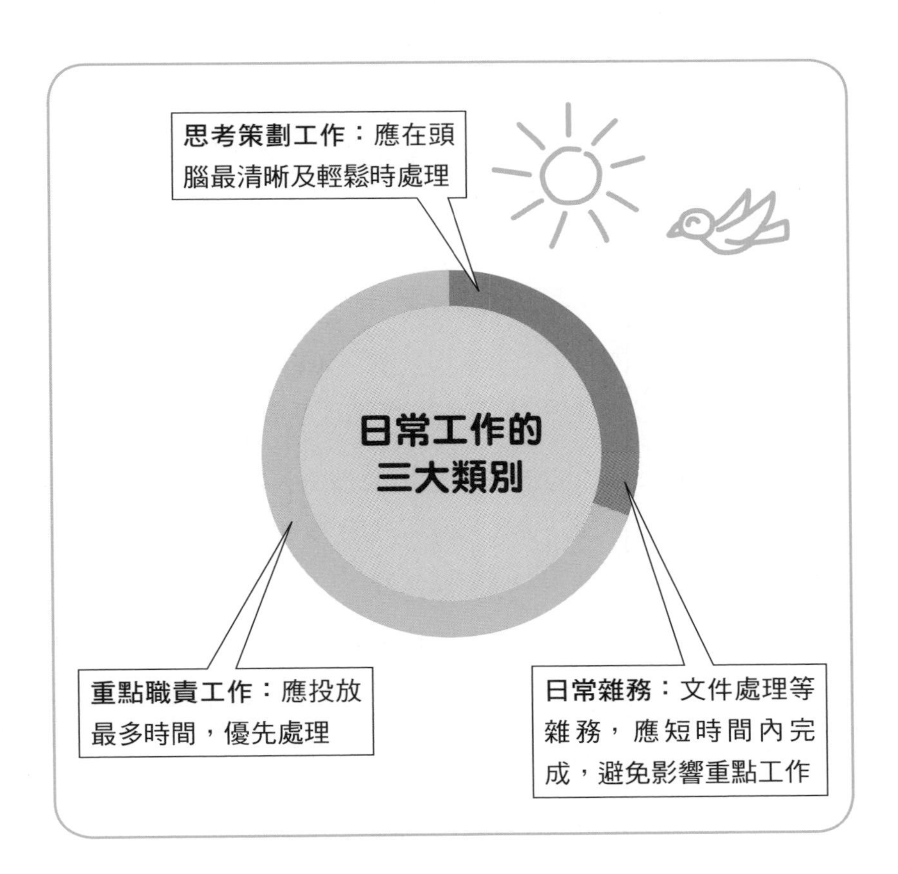

 善用 80/20 定律

意大利著名經濟學家巴雷德（Vilfredo Pareto）的「八二定律」（80/20 Rule）告訴我們：80% 的價值來自 20% 的事物，而餘下 20% 的價值則來自其他 80% 的事物。這個原理可以引申到任何一種情況，例如：

1. 80% 的銷量來自 20% 的顧客；
2. 80% 的利潤來自 20% 的產品；
3. 80% 的難題由 20% 的僱員解決。

在時間管理而言，也就是說我們一般會把 80% 的時間花在 20% 的事情上，而用 20% 的時間處理其餘 80% 的事情。

我們又可以用八二定律來檢視大部份人的工作效能：投入了 80% 的精力，卻只換得 20% 的成果；不過其餘 20% 的精力，卻能產生 80% 的成果。

八二定律告訴你：有些事情不論你怎樣去做，都只能「八分耕耘，兩分收穫」；但其實有另外一些「兩分耕耘，八分收穫」的事，更值得你去做。你懂得怎樣找出它們嗎？

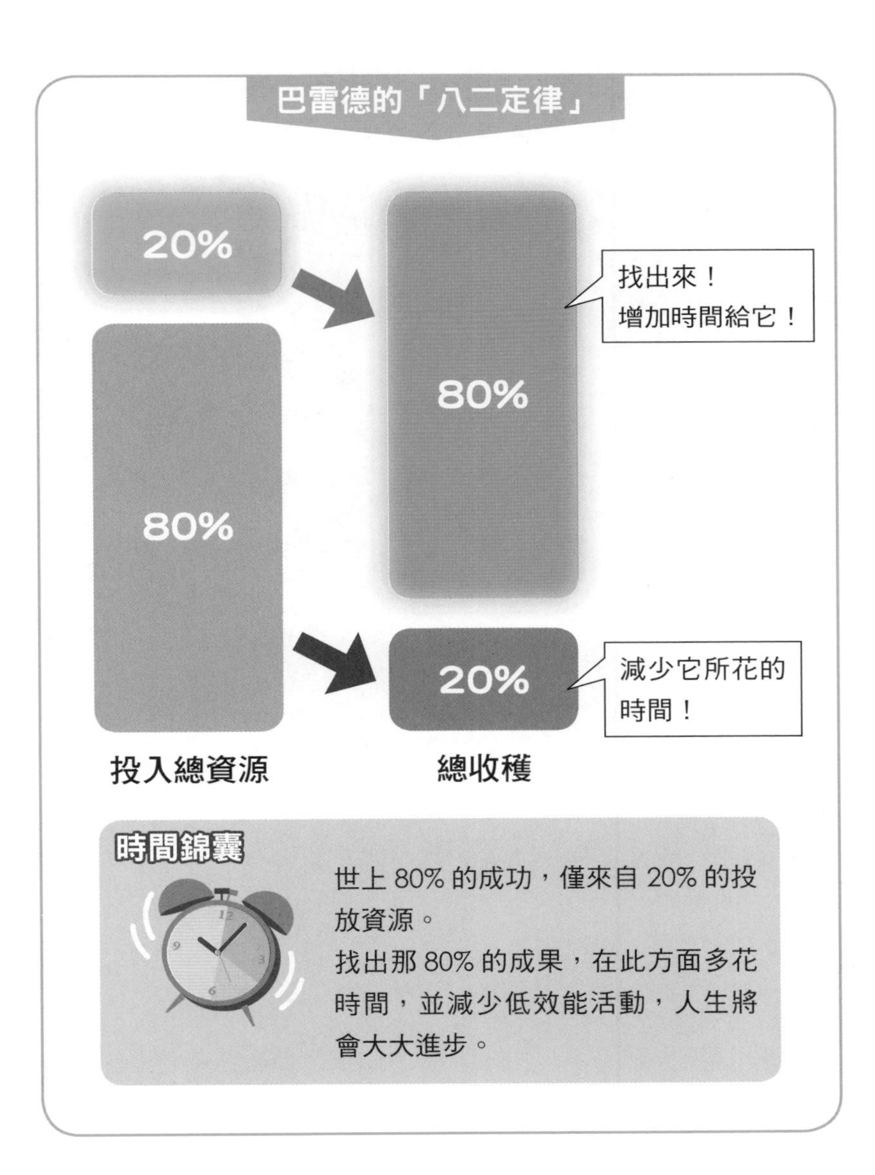
巴雷德的「八二定律」
20%
80%
找出來！
增加時間給它！
80%
20%
減少它所花的
時間！
投入總資源
總收穫
時間錦囊
12
9
3
6
世上 80% 的成功，僅來自 20% 的投放資源。
找出那 80% 的成果，在此方面多花時間，並減少低效能活動，人生將會大大進步。

要知道自己是否本末倒置，花了大部分的時間去做不重要的事情，你可以在這裏做一個分析：

時間＼星期	一	二	三	四	五	六	日
0800							
0815							
0830							
0845							
0900							
……							

如上圖，你要有恆心地把每天所做過的事，以十五分鐘為一個段落記錄下來，連續記錄一個星期。

一星期後，你把同類型的事情所花的時間加起來，然後做一個圖表如下：

工作	佔用時間百分比
與下屬接觸	
與其他部門接觸	
外界接觸	
行政事務	
策劃	
寫報告	
會議	
向上司彙報	
執行	
檢討	
總數	**100%**

這個表所列出的分類只是舉例，你必須因應你的情況作出調整。

好了，待你統計好後，你就把你認為重要的事情勾出來，看看你花了多少時間，然後與花在不重要的事上的時間做個比較——你會很驚訝地發現 80/20 法則之準確。

當然，每天在辦公室裏，我們總有「身不由己」的感慨：誰不想花多點時間在重要的事情上？但每天不是一連串的突發事，便是電話騷擾、老闆召請、下屬求見，還有大堆我們在第三節分析過的所謂「時間殺手」！

是的，問題的關鍵就是你能否與眾不同——把這些定律有系統地打破。當我們分析出問題所在，便可作出針對性的行動：

1. 找出令你得到 80% 成績、但只花了 20% 時間的工作事項
2. 逐步投放多些時間於那些高效的事項上
3. 除掉或減少其他低價值活動

正如前一章所説，我們可以每天訂出「當天的要務」（task of the day），無論如何都要盡量分配多些時間來處理，無論如何都要完成該要務，而剩下的時間則用來處理其他事項。最後，由於餘下的時間無多，你會發現在處理這些瑣碎事務時，你會比平常更有效率。

10 大值得投資時間的事項

1. 能夠達致生命大目標的事
2. 為你帶來改變的事
3. 「八二定律」內能夠達至 80% 成果的事
4. 能大大節省時間、令質量倍增的創新事項
5. 別人認為難以完成的事
6. 別人已在其他領域進行並成功的事
7. 能發揮自己創造力的事
8. 能利用環境或他人來提升效能的事
9. 千載難逢、稍縱即逝的事
10. 可持續發展的計劃

時間錦囊

當考量投放多少時間去做一件事時，請問自己兩個問題：

1. 它是否對自己有很高的價值？
2. 有否更好的方法提升它的效率？

認識「緩急」與「輕重」

在決定事情的重要性前，應先問問自己以下數個問題：

1. 我的目標是甚麼？哪一個是我的首要目標？
2. 我現在以甚麼準則來決定事情的緩急先後？
3. 我是否對於各事情的因果有一定認識？我是否充分了解做甚麼事情會有甚麼的結果？如果否，我可以從何得知？
4. 我哪些目標會為公司帶來最大的效益？
5. 我哪些目標會為我個人帶來最大的滿足感？
6. 我哪些目標會對最多人有利？

還記得每逢休假前夕，你都十分有效率，既果斷又快速地把事情弄妥，安心地度假去？這種心態，顯示出**大部分人也是按着事情的「緩急」來安排工作順序，而非事情的「重要性」，這便是人們自我管理上的一個盲點**。所帶來的影響，往往令我們的工作效能大大降低。

要解決這個問題，我們可以借助以下的「緩急先後」圖表：

	緊急	不緊急
重要	[1]	[2]
不重要	[3]	[4]

[1]= 危機應變、處理投訴、上司突然囑咐的某些事項。

[2]= 需要一些時間來準備的重要計劃，如企劃案、財政預算、報告等。

[3]= 工作程序時刻發生的事務，如接見客人、回覆下屬匯報、信件等。

[4]= 一些不重要的瑣事，如一些員工的聚會、與下屬聊天等。

要分辨這四個界別的緩急先後，單看 [1] 和 [4] 是很容易判斷的，不過 [2] 和 [3] 便會令許多人十分困擾。原則上，**假如你只有有限的時間，心裏明白兩者只能兼一，那 [2] 是應該優先處理的。**我們不是一直說要權衡輕重嗎？重要的事項應該先行。大部份人因着急眼前的緊急問題，而忽略處理重要事項，結果大大影響整體工作成效。當然，**若時間充裕，[2] 還可以再等一下，遲些處理也不會影響工作質素，那 [3] 便可以先行。**因為有些時候緊急但不重要的事，若不快速處理，便會演變成既緊急又重要的危機。

管理時間的重點是懂得分配時間，把多一點的時間花在重要的事情上，一分耕耘，才會有一分收穫。而不重要但又必須要做的事則用最快速度完成，千萬不要精雕細琢，枉費時間於沒效用的事上。如能適當地分配時間在不同性質的工作上，你很快便會達到自己的工作目標。

美國著名管理學大師史提芬·柯維（Stephen Covey）説過一句話，大可讓你深切了解甚麼是權衡輕重。他説：「最重要的事，是我們要把最重要的事保持是最重要的事。」（The main thing is to keep the main thing the main thing.）

時間管理矩陣

	緊急	非緊急
重要	有時間性的計劃 無貨可售 客戶投訴 危機處理	規劃工作 公關工作 技能提升 開拓市場 風險管理
不重要	臨時客人 臨時會議 下屬面談 辦公室故障	處理垃圾郵件 廣告信件 上門推銷

時間錦囊

你經常忙於為眼前的事「救火」嗎？分析事情的重要性和緊急性，有助避免因為處理緊急問題而忽略重要事情。

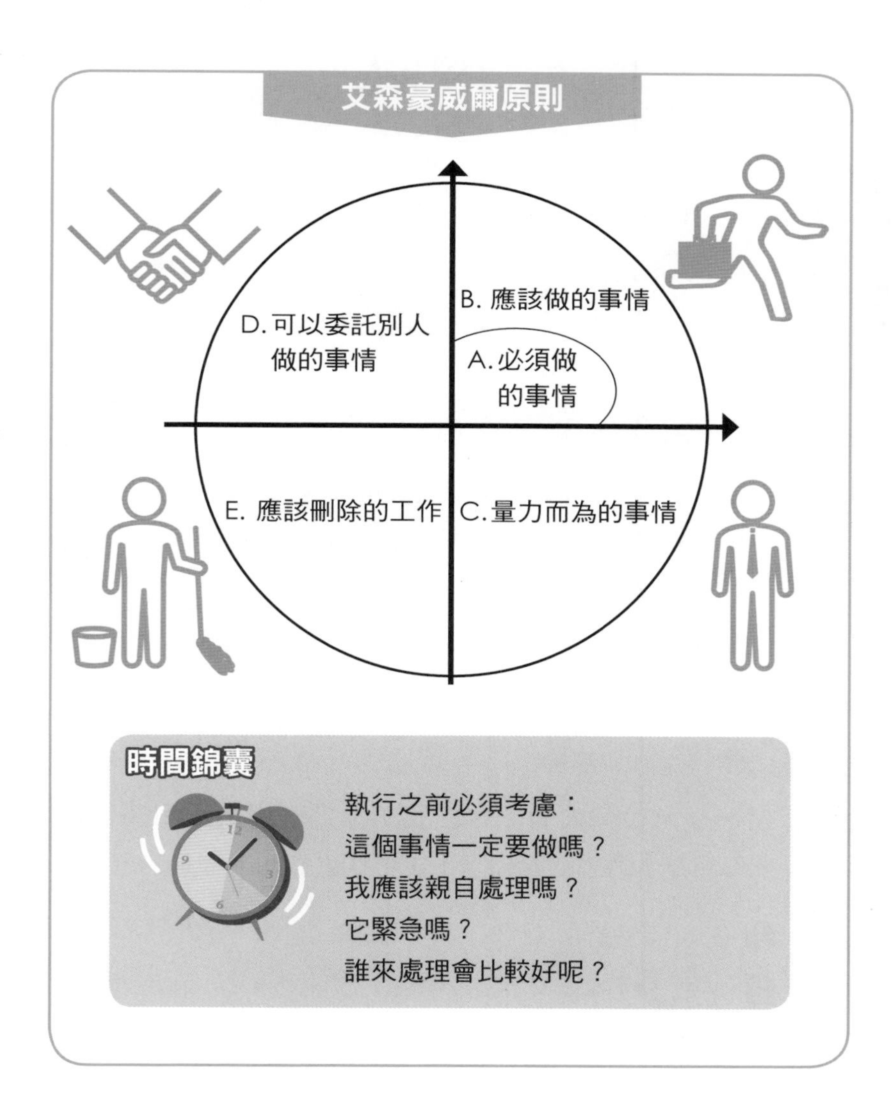

執行之前必須考慮：
這個事情一定要做嗎？
我應該親自處理嗎？
它緊急嗎？
誰來處理會比較好呢？

第 7 節

避免拖延

避免拖延就是把「遲一些才做」改正為「馬上去做」，是自律的問題。找出原因，對症下藥，才能解決。

了解自己的拖延問題

拖延，英文稱之為 procrastination，跟 delay（延遲）不一樣。後者夾雜其他客觀環境的因素，如時間不配合，出了亂子等。但是前者是人為的，是主觀導致的，許多時候是當事人的問題。而這裏主要集中講「拖延」這個問題。

時間管理基本上就是自我管理，而當中最重要的一環是避免拖延。

以下是大部分人的工作模式，你是否也有相同的習慣呢？把你認為「是」的圈出來，便可找出你傾向拖延的原因：

1. 先做容易的事；
2. 先做喜歡的事；
3. 先做懂得的事；
4. 先做需時較短的事；
5. 先做有足夠資源的事；
6. 先做已安排好的事（如會議）；
7. 先應付別人的要求；

8. 先做緊急的事，而不是重要但不緊急的事；
9. 先考慮個人利益，再決定所做的事；
10. 直到「死線」迫近，才開始工作；
11. 先做有趣的事；
12. 先處理瑣碎事項；
13. 事情的優先次序，是根據誰人交託來決定；
14. 事情的優先次序，是根據預計結果來決定；
15. 先處理可以看見成果的事。

個案分析：出版延期原因

作者因素	編輯因素	其他原因
● 修改原稿進度晚了	● 校對遲了	● 市場因素
● 交稿時間晚了	● 索引遲了	● 印刷問題
● 有太多地方要修改	● 合約簽訂遲了	● 印刷延誤
● 字數需要調整	● 排版延誤	● 版權糾紛

時間錦囊

我們可以透過分析問題成因，找出工作延誤的重點部分，然後予以改進。

自我認識——進一步了解你的拖延問題：

1. 你最常拖延的是哪些事情？
2. 你正在拖延的是哪一件事？
3. 你如何得知你正在拖延某事？拖延期間，你在做甚麼事情？
4. 對於自己有這個壞習慣，你有甚麼看法？
5. 因為拖延，你碰到甚麼後果？
6. 你認為你可以做些甚麼來避免拖延？

拖延心理學

心理學家約瑟 ‧ 法拉利（Joseph R. Ferrari）提出，拖延是一種稱為「慢性拖拉症」的心理病，可以醫治。他把慢性拖拉症分為「激進型」和「逃避型」兩類，前者有自信能在壓力下工作，喜歡把事情拖到最後一刻以尋求刺激；後者則通常缺乏自信，害怕做不好而遲遲不肯動手，或害怕成功後受到別人的關注。兩者以「逃避型」最為普遍。

為甚麼我們會把事情拖延？在甚麼情況下我們會傾向拖延呢？以下是一些常見的拖延原因：

❶ **不知如何或從何下手**——這表示工作上有某種程度的困難。當想到可能會出現挫敗的後果時，大部分人都會裹足不前。

心理學上關於拖延成因的理論

特質論

由於盡責、焦慮、懶惰或自我效能低等個人特質，而造成拖延。

調節論

由於要自我調節失敗，不能協調好個性、動機、認知與情境等因素，而造成拖延。

動機論

期望水準、恐懼失敗、抱有完美主義、自我妨礙和自律，都會形成拖延行為。

時間錦囊

認識清楚自己拖延的特性，以意志及計劃來避免再犯。

❷ **不知為甚麼要做**——特別是上司交託的事情，可能他沒有把原因解釋清楚，另外可能是你不同意有需要去做，這就會產生不明所以的抗拒感。

❸ **不喜歡去處理**——不喜歡的原因有很多，工作性質太繁瑣或太呆板、要面對不喜歡的人，和牽涉許多複雜的人際關係等。

❹ **個人情緒及健康問題**——人的遭遇、情緒總有高低，遇着心情惡劣或身體欠佳的時候，做甚麼事也提不起勁。

❺ **缺乏獎勵**——獎勵可以是有形的，如金錢、更高的職位等，也可以是無形的，如口頭的讚賞、肯定的眼神等。無論有形或無形，都有激勵的作用，是推動每個人努力的元素。

❻ **沒有迫切性**——大部分人總有惰性，好逸惡勞，所以不是迫在眉睫的事，都會先擇甜而後嘗苦。

❼ **找藉口**——這最容易發生，因我們總會同時兼顧幾樣事情，選擇先做有趣、沒有壓力的事，往往成為我們拖延其他事情的理由。

❽ **過分憂慮**——有些人因為性格問題，偏向想像各種可能發生的狀況，因而猶豫不決、神經兮兮。另一些則太介懷成敗得失，欠缺勇氣，不敢踏出第一步。

❾ **工作疲勞**——人忙碌時，腎上腺分泌會激增，待忙碌過後才回落，因此當我們大費周章、花許多精力時間做畢某件事後，便會提不起勁馬上再做其他事。這是很自然的生理和心理反應。

拖延心理的惡性循環

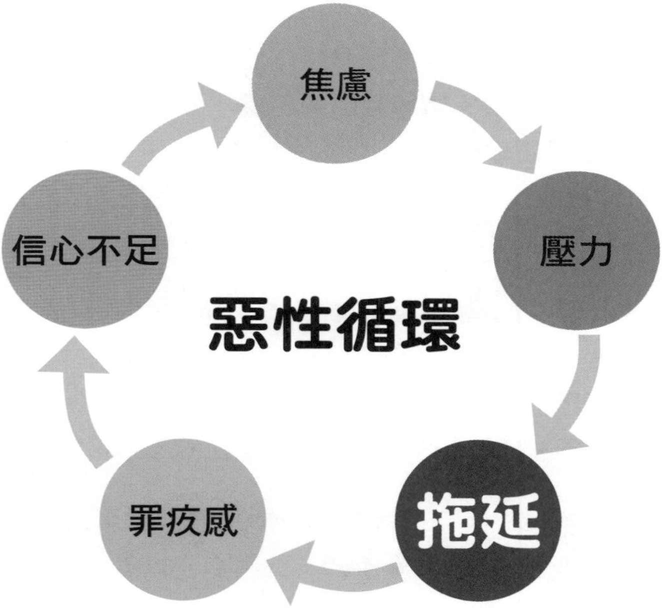

焦慮
壓力
拖延
罪疚感
信心不足

惡性循環

時間錦囊

根據心理學分析，拖延是一種心理防衛機制，內心為了減輕工作問題帶來的焦慮，而把問題隱藏，結果把問題拖延處理，導致進一步惡化，造成惡性循環。

從內至外解決拖延問題

上述分析顯示，拖延大都是源於人為因素，只要立下決心，大多數的拖延問題都是可以解決的。**事實上，事情越早處理，越容易解決。若等到問題出現才「救火」，一方面時間不足會影響工作質素，另一方面也會打亂原有的工作計劃，出現骨牌效應。**要改善這些情況，便應對症下藥，從以下各方面着手：

1. **建立自信**——許多心理學家指出，信心和意志力是克服困難的有力武器，有些更表示只要你在內心不斷告訴自己和不斷幻想「我一定可以」，你就真的一定可以。他們說成功人士不一定最有學問，但都有無比的毅力和自信。

2. **設立自我目標**——前幾章已不斷重複凡事有目標的重要性，假如你碰上「工作不知所為何事」的情況，你必須先弄清楚工作的原因；假如你不同意工作的初衷，但又不得不做，便只好另訂個人工作目標了。比方說，上司要求你把過去十年某個計劃的發展過程做個報告，作為備案，縱使你認為多此一舉，也可以告訴自己，這件差事的目的是要作出檢討，讓將來再做同類計劃時更優勝。

3. **找出與自己相關之處**——面對不喜歡做的事時，宜找出跟自己有關、能為自己帶來好處的元素，以增強推動力。就以上面的例子來說，你大可以告訴自己，利用這樣一個溫故知新的機會，我可以汲取前人的經驗。人家花許多年累積下來的經驗，我只要花數天時間便可得到，何樂而不為？用這樣正面的態度，你一定會積極多了！而且，從另一角度看，**「令上司明白你的工作能力」也可以是一個很有用的目標。**

❹ **「儲蓄」時間，全力再戰**——當我們身心疲累、情緒不佳時，很難順利開展新工作。這裏所謂「儲蓄」時間，是表示你要停一停，透一口氣，轉換一下工作環境，把工作能

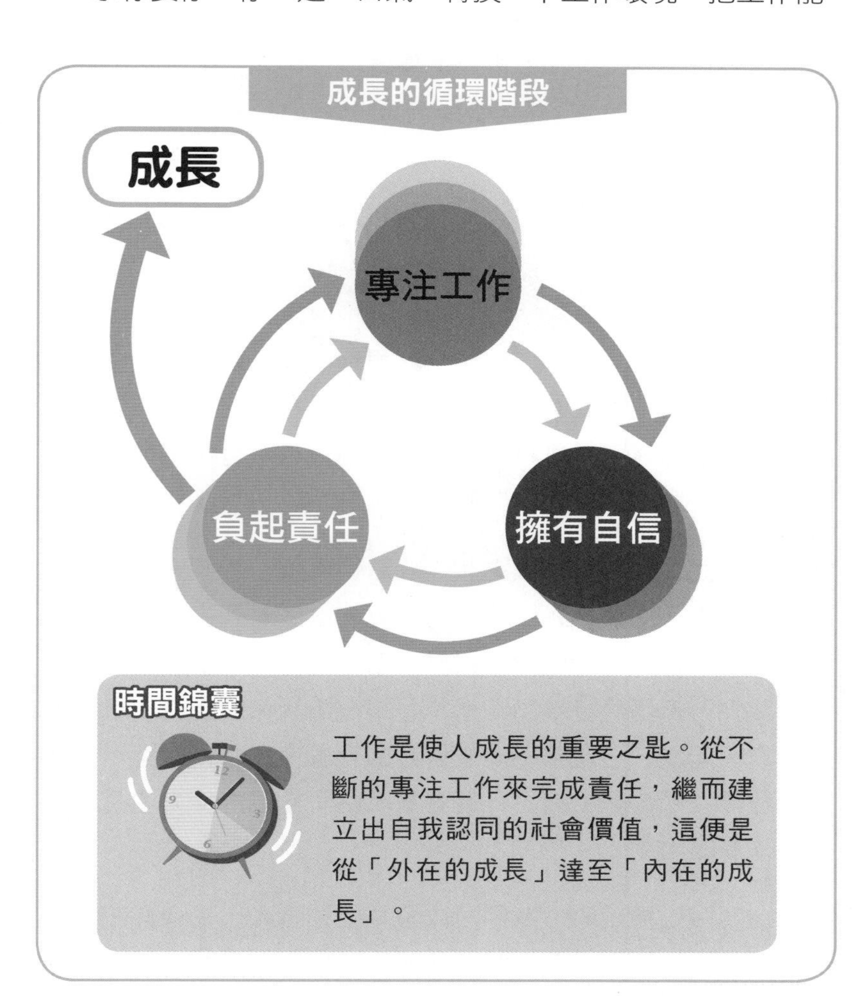

量儲起來。這樣，日後花在同一樣工作的時間可能變得更少。比方說，你長時間很不情願地處理一些很沉悶的文書工作，那麼你可以稍停一下，打個電話跟客戶聯誼一會，又或與同事聊天增進溝通，轉換一下情緒。跳出工作，你也可選擇聽一段美妙的樂章，翻一翻有趣的漫畫書，到樓下商場買束鮮花回來放在辦公桌上等等，這些事情都可使你精神抖擻，增加能量，繼續努力。最重要的是，當你身體狀況欠佳時，必須讓自己得到充足的休息。強而為之，只令事情更沒效率，自己更提不起勁。

5 **自我獎勵**——有很多工作都是長期計劃，沒有即時的回報，或者那些效果是很難確切的看得出來。不過，即使你看不到工作上有甚麼報酬時，你也可以為完成工作而自我獎勵一番。好像完成了一個大計劃後，安排一個休假旅行，買一件很喜歡但又捨不得買的物品，吃一頓豐富的日本料理，又或是與家人遊山玩水，這些都可以讓你增加接受下一個工作挑戰的原動力。

6 **設下完工期限**——人總有「臨急抱佛腳」的傾向，為了自我約束，必須要為自己訂下「死線」。「死線」對自己來說是一種無形的壓力。當然，自己設下的「死線」是不會為你帶來甚麼後果的，但總好過毫無計劃的自我放任。**一次、兩次、三次都不能按自己的死線完成事情的話，我們便需立即自我檢討了，究竟是高估了自己的能力還是自己未有盡力？**

設定期限時，我們可以讓某些相關人士知道你的「死線」，為免給人誇誇其談的印象，你自然會對期限更加上

各類拖延問題的改善方法

① 完美主義型的拖延者

做事情要盡善盡美，
不願匆忙開始。

解決辦法

允許不完美的存在，每有一點進步都鼓勵自己。意識到自己不可能不犯任何錯誤，因此不必要求自己達到完美。

② 害怕失敗拖延者

任務太難了，
明天再做吧。

解決辦法

把任務分成比較容易的小塊，化整為零，降低任務難度；減低自己要放棄的心態，每天盡可能多完成任務。

③ 自信不足拖延者

常常不能很好地完成任務，自我的評價越來越低，當很好地完成時卻認為是運氣。

解決辦法

從工作建立信心，接受別人對自己工作的讚揚；自己對自己進行勉勵。

心，自我約束力因而提升。你也可以把期限分成幾個階段，例如將一個月內要完成的事情分成四個階段，以每個星期作為一條「次死線」（sub-deadline），這樣做可以令你的目標看來較容易達到，和有定時檢討之效。

❼ **時刻提醒自己事情的重要性**——找藉口拖延的主因是基於對事情並不熱衷，要讓自己有幹勁，便要找出工作的重要性，例如一件看似平凡刻板的差事，也可能為你帶來晉升機會。就算不從功利方面看，其他成果如加強人際關係、建立良好印象、鍛煉某些技能等，都是一些正面因素，督促自己不要再拖延。

人是需要別人肯定的，只要做出自己滿意、又受人讚賞的成績，那份滿足感和成就感將令你更積極進取。

❽ **有充分的準備，才會把事情做好**——還記得第二節裏黃先生的故事嗎？他在最後一分鐘才把報告趕好，你想這會有好的成績嗎？**雖然時間長不一定是品質的保證，但充裕的時間總可以讓你細心思考，多作推敲。**在做事前先作好準備及適當的計劃，便會令工作過程更流暢，減少枝節上帶來的延誤。

❾ **時間就是金錢**——這是老生常談。但在功利社會裏，有甚麼來得比錢更重要？對老闆來説，時間就是成本；對上班族來説，青春就是血汗，都是用金錢來交易的。如你能緊記每浪費一分鐘，你就損失一分錢，以前的努力等於倒賠了，你便會收拾鬆散心情，繼續努力。

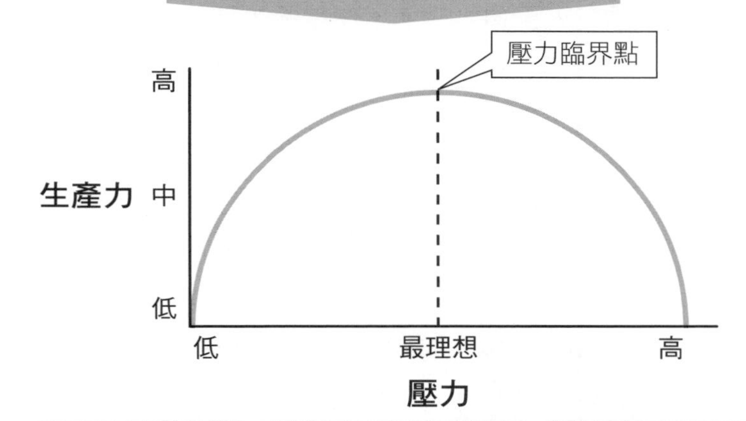

低壓力令人……	適當壓力令人……	高壓力令人……
消極	能力提升	繁忙、暴躁
心不在焉	沉着冷靜	消極、易怒
怕醜內向	記憶敏銳	疲憊、尖銳
沒有生氣	熱心、積極、機警	神經質
優柔寡斷	決策卓越	
敷衍了事	幹勁十足	

適當的壓力會帶來理想的工作表現，過高或過低的壓力都會使工作效率大大降低。

時間錦囊

適當地舒緩工作壓力非常重要，如果你在工作時經常覺得惱怒、沮喪、沒耐心，請趕快停下來，休息一會或轉換工作環境，但一定要訂立重新振作的時間，千萬不要無限拖延。

是時候把你一拖再拖的工作拿出來了！想想當你還在原地踏步，後面的人已迎頭趕上，你還不膽顫心驚嗎？記着，遲一點並不會容易一點，與其稍後才做（do it later），倒不如馬上去做（do it right now）。做了便安心，好以積極情緒迎接新的工作。

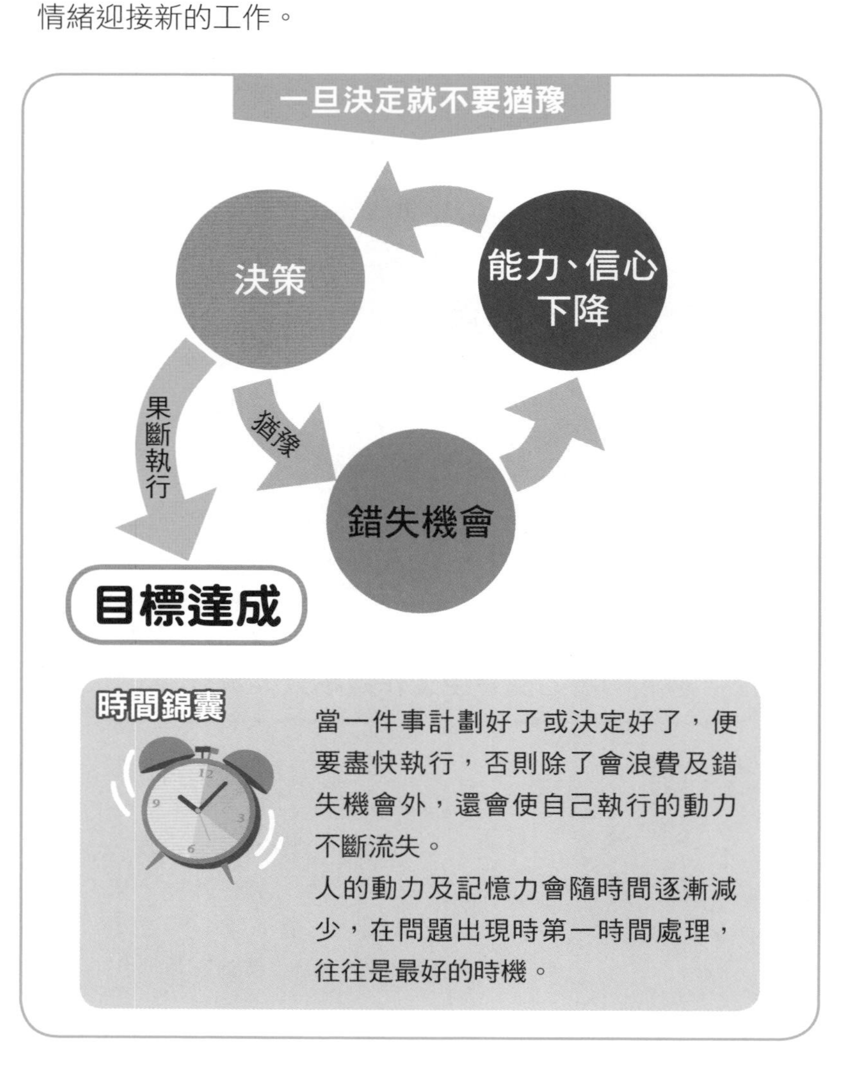

第四章

高效辦公室

當凡人只想度過時間，能人便會設法利用時間。

——哲學家　叔本華（Arthur Schopenhauer）

第 8 節

應付打擾的攻防技巧

辦公室裏充斥着各式各樣的打擾，無可避免。我們的策略是將被打擾的時間縮短，將其負面影響減至最少。

突然的打擾會降低工作效率

你正在辦公室裏埋首整理一份報告，你其中一位下屬叩門求見，要跟你討教他碰到的難題。你雖不願意，但礙於責任心（既身為上司，就有責任為下屬排難解紛）和那點點的虛榮感（因為有人專誠向你求助請教），你就讓他進來坐下。大家討論了差不多 30 分鐘後，下屬告退，是時候把剛才的報告拿出來再做了。

根據你的經驗，你能馬上進入狀態嗎？你可以把 30 分鐘前停下來的思考馬上重新啟動嗎？你能夠把剛才的討論瞬即拋諸腦後了嗎？

我深信除了少數人外，絕大部分人都難以做到。**就像是重新啟動電腦需時，你的腦袋需要切換另一個思考系統，甚至你要重新把之前已看過的部分再看一遍**，來喚醒你已慢慢消褪的記憶。算算看，叩門求見的下屬佔用了你 30 分鐘的時間，但是你只花多了 30 分鐘嗎？還是浪費了更多？

在辦公室裏，突如其來的打擾經常發生，下屬緊急求助、客人突然拜訪、老闆發起臨時會議等，都必定打斷你安排好的工作。但是，另外有些「打擾」則由自己產生——你平白無故的跟同事說三道四，看着電腦發白日夢，也是打擾的一種，只不過罪魁禍首是你自己罷了。還有，當你正在思考，你可能會被桌上其他的東西所吸引，你可能會拆開宣傳信件，看看有甚麼跟你有關，或翻翻那些秘書小姐剛拿進來的文件，到茶水間倒杯咖啡，湊巧地碰到某某，跟他聊幾句。

前者的打擾是被動式的，很多時候很難避免，你總不能拒絕與老闆及客人會面，那只可以使用一些「計策」來化解，把被打擾的時間縮至最短。至於後者，是個人習慣的問題，我們應針對情況，改善工作習慣以減少被打擾的情況。

你被他人干擾所浪費掉的時間

假設你每天平均跟 5 個人互動，他們平均一天打擾你兩次，每次 10 分鐘：

5 個人 x 2 次 x 10 分鐘 = 100 分鐘

假設你一天的實際工時為 8 小時 = 480 分鐘：

$$\frac{100\text{ 分鐘}}{480\text{ 分鐘}} \times 100\% = 20.8\%$$

即你平均每天被他人奪取了你五分之一的工作時間！

堅守崗位，拒絕打擾

❶ **設定時限**——有人走進你的辦公室說要跟你討論甚麼甚麼，為免他短話長說，你可以直接但有禮貌地問他：「我們可以在 5 分鐘內討論完嗎？因我趕着要開會（或其他事項）。」

你也可以請你的秘書或同事幫忙，到了某個時候叩門說「是時候出門了」或「出席甚麼會議了」等等。

我曾經有一位上司，最愛找人聊天，他可以侃侃而談一個小時而面不改容，可憐我輩心急如焚，應酬他是浪費時間，不應酬他又怕惹他生氣。所以我就私下跟我的秘書約定，假如該上司在我辦公室待了超過 30 分鐘，她就會進來，「提醒」我開會時間到了，全世界的人都在等我；又或是說有個緊急的長途電話需要我馬上接聽等等諸種原因，這樣我的上司就自動欣然告退，找別個聊天去，這辦法非常有效。當然，你必須要有一個可靠和懂得演戲的秘書，配合自己精湛的演技，才會毫無破綻。

❷ **設定會談地點**——有時候只是跟同事討論一些簡單的事項，並不需要勞師動眾地到會議室去，於是你的辦公室就有可能成為議事的地方。但往往談完公事後，又會東拉西扯一番。想要避免這種情況，便需小心選擇談話的地點。

最好的選擇是你到別的同事的辦公室，使你可以「進退」自如。又或是在大堂走廊等人來人往的地方，那裏多談幾句也不方便呢！地方的選擇表示出談話的重要性，很多時不重要的談話只需簡單幾句話便成。

❸ **暗示「到此為止」**——有些人真有滔滔不絕的本領，要直接停止他們十分困難。除了老闆可以直接説「夠了，你出去吧」外，為免得罪別人，我們只可以作些暗示。最常見的做法是綜合他所講的內容，表示大家已經有個結論；又或是利用肢體語言，好像是站起來，邊説邊朝着門口的方向走去，這暗示事情談好了，是送客的時候了。

辦公室裏干擾你的人

A 類

老闆和重要客戶

他們在任何時候都可以中斷你的工作

B 類

同事、下屬或家人

當你並非處理要務時，可以中斷你的工作

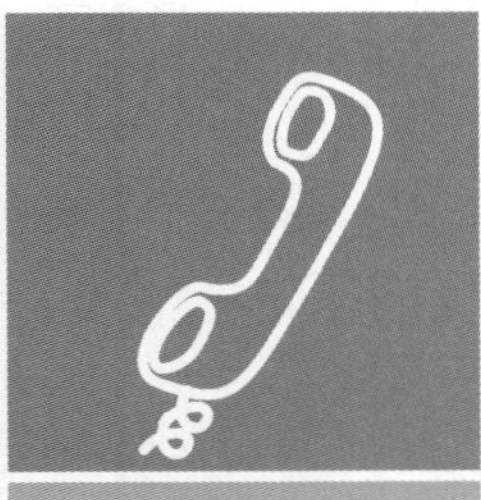

C 類

閒雜人等（如推銷員、清潔員）

只容許在空閒時出現

時間錦囊

認識清楚誰會為你帶來干擾，千萬不要讓閒雜的人中斷你重要的工作，否則你的辦公室只會成為一個公共場所！

❹ **暗示自己「很忙碌」**——知情識趣的人，看到人家忙得人仰馬翻，也不好意思打擾吧！因此你大可裝作非常忙碌，經常性地把一疊疊的文件堆在桌上椅上，給人一個忙到頭昏腦脹的感覺。

說回我那位愛找人聊天的上司。有時候當我桌上滿佈文件，他也會表示同情：「你很忙嗎？改天才找你！」此外，你可以把門關上，表示你正在忙於某些重要事，或需要很專心地處理某件事，不希望別人打擾。但這並不能常用，關門當然是最直接的表示，但在這個一切講究開放、平等、溝通的年代，常常把門關上便予人難以親近的官僚感覺了。現代管理學所强調的「開門管理」（open door management）正是此理。

另一個較好的方法是訂立一套共識，讓同事知道你你何時不希望被打擾，例如當你背靠門口坐的時候，便表示你不要跟任何人談話。我以前有一位外籍同事，他十分坦白的告訴我們，當他在辦公室門口掛上「☺」的牌子時，那是說他心情輕鬆，要找他沒問題。但假如他翻到另一面，變成「☹」時，就不要碰他了。這樣坦白直接的跟別人約法三章，不失為一個令人易於接受的做法。

❺ **適當地擺放辦公桌**——假如可以選擇的話，最好把你的辦公桌放置在走過的人看不到你的地方。很多時候人家找你聊天，只是因為剛巧看到你在；又或是剛巧你抬起頭往外望，跟某人的眼神打個正着。因此，如別人看不見你，便沒有人找你。

避免中斷工作的要訣

電話干擾

- 安排秘書或總機同事首先接聽任何來電
- 在處理緊要事時把電話掛起
- 善用來電顯示，拒絕接聽來歷不明的電話

外來者干擾

- 盡量避免不定時會見客人
- 吩咐接待員，要查明外來者身份才允許進入辦公室

同事干擾

- 在房間內，把門及窗簾關上
- 如在開放式辦公室工作，盡量把座位移至別人的視野之外
- 盡量避免在工作期間去茶水間
- 使用身體語言如看錶、轉身，終止同事打擾

減少被電話干擾的方法

很多現代管理人，每天花很多時間接聽永不休止的來電，能夠清靜下來工作的時間真是少之又少。事實上，有系統地接聽電話是一個高效管理人必須懂得的事。

1. **處理**：盡量由助理或總機回答來電者的需求，記下相關資訊

2. **轉接**：如助理無法處理，便把電話轉給團隊中相關的同事接聽

3. **暫緩**：如果事情只有你能處理，便請助理記下有關資料，讓你留待稍後時間處理

4. **速辦**：如果是緊急事項，必須直接接聽，便要速辦。建議可以分開使用兩個電話號碼，一個是專門接聽重要客戶或上司的直線，另一個則是普通的辦公室號碼，由助理接聽

5. **集合回電**：每天訂一個特定時間，回覆所有當天的來電，以免影響其他進行中的工作

對抗辦公室噪音

根據美國康奈爾大學的研究顯示，開放空間的低指數噪音——像敲打聲、喋喋的說話聲、影印機的嗡嗡聲，都會導致壓力賀爾蒙腎上腺皮質醇（cortisol）分泌增加。

降低噪音方法

1. **位置安排**：把辦公位置安排在遠離走廊、茶水間、影印室等人多及機器集中的地方
2. **使用降噪音設備**：在房間裝上隔音板，或在開放式辦公室戴上耳機
3. **用噪音對抗噪音**：播放輕快的背景音樂，來消除噪音的影響
4. **另找空間**：沒人時在會議室等清靜的空間工作
5. **提早上班**：好好利用上班時間前的安靜時段，趕快完成思考性工作

時間錦囊

美國的工會調查發現，七成的打工仔認為噪音是職場最主要的分心來源，八成人相信更安靜的環境有助提升他們的工作效能。

你的辦公桌也可以放在窗口前，背窗而坐，讓人家坐着跟你談話時，被窗外的陽光直接射着，久而久之便會眼睛不舒服，然後知難而退。

6 **避免辦公室成聊天勝地**——越是舒適優雅的地方，越容易成為人們躲懶的集中地。我有這樣的經驗：我的公司搬到一幢海傍辦公大樓，因我做對外工作，所以獲分配有海景的辦公室。開始時雀躍萬分，但後來才知道問題來了。由於我的辦公室可以俯瞰整個海港，於是引來不少不速之客。甚至有外賓到訪，本來跟我無關，也會被其他部門的同事引進來看看海景。因此，我的辦公室不能倖免地成為眾人聚腳的地方。

快看看你的辦公室，是否有漂亮的設計、舒適的椅子、上佳的景觀、美麗的盆栽，忍痛地拿走一些吧！還有，不要忘了桌上一大堆的生活相片、旅行時候買的紀念品，這些都是會引起閒聊的話題，統統把它們拿走吧！

7 **沉默是金**——要避免長聊，最有效的方法是保持沉默，因為當對方只聽到你說「啊」、「嗯」、「是嗎」等敷衍回應時，他們也心中有數，知道你不感興趣，就不會說下去。我們常常說「探戈是要兩人一起跳的」，只有一個人唱獨腳戲，唱的人也會自覺無聊。

8 **果斷地說「不」**——東方人講情面，怕得失人，不敢說「不」。就是因為這樣，我們不知浪費了多少光陰，做不應該做、不喜歡做的事。

就以被人打擾為例，假如你真的很忙，或是不想跟某

禮貌謝絕干擾的方法

「我現在沒有時間談這個，不過，謝謝你想到我。」

——直接表達沒空

「現時我不能幫你這個忙，可是如果你能等到下週，我便有時間處理了。」

——另定時間再談

「如果你能把資料再弄清楚一點，我就可以跟你談談這個了。」

——設定談話條件

「某某好像知道得更清楚／某某好像更關心此事呢。」

——轉移干擾者目標

人談話，那就果斷地告訴來者：「對不起，我現在正忙着甚麼甚麼，可以等的話，我們改天再談，好嗎？」要是公事的話，他當然會改天來。假如是閒聊，他會找別人去。「不」不難啓齒，也不致會破壞雙方關係，只視乎你是否清晰地、禮貌地、有原因地說出來，讓對方有下台階接受罷了！

佈置房間　防禦干擾

- 寫字桌放在椅子和門之間，阻隔干擾
- 來訪者被桌子擋住，不能在辦公室內自由走動
- 以電腦螢光幕遮擋來訪者的目光

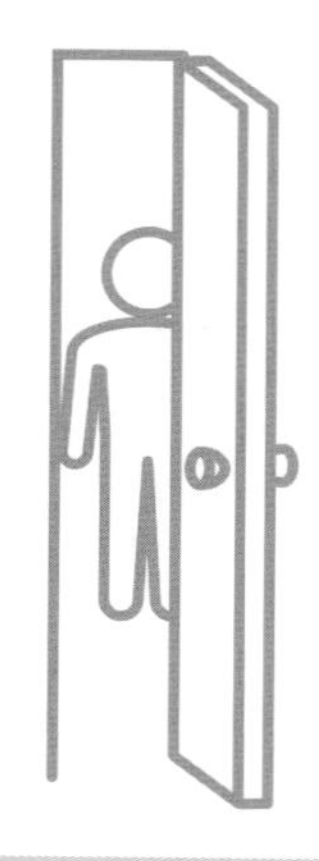

時間錦囊

關鍵是利用物件作屏障，你的同事和上司便不能直接看到你的工作情況，繼而減少對你不必要的干擾。

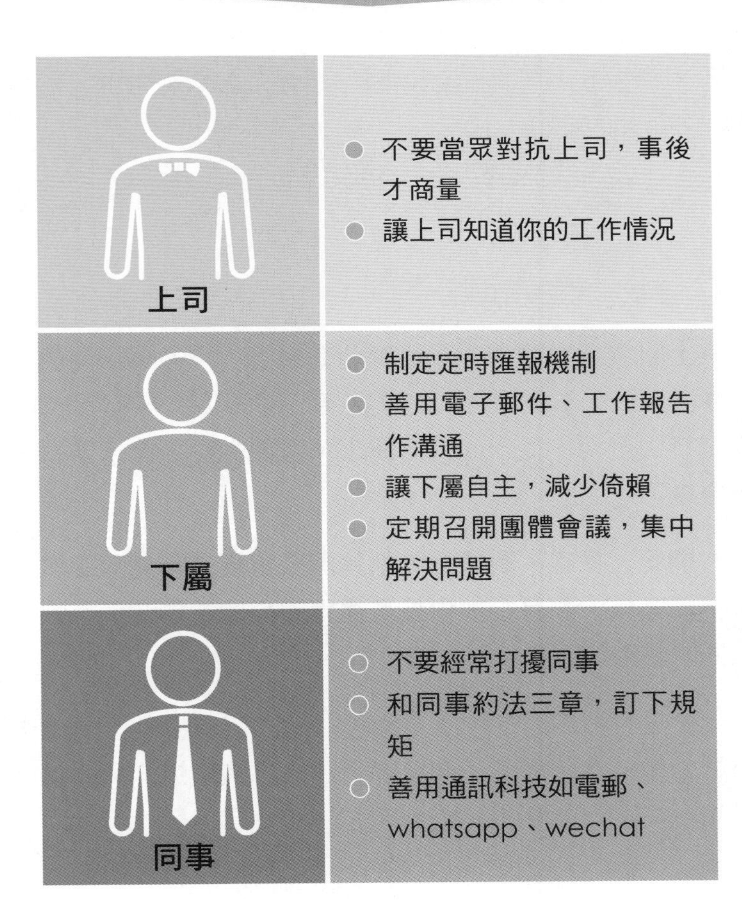

如何應付上司、下屬和同事的打擾
上司
不要當眾對抗上司，事後才商量
讓上司知道你的工作情況
下屬
制定定時匯報機制
善用電子郵件、工作報告作溝通
讓下屬自主，減少倚賴
定期召開團體會議，集中解決問題
同事
不要經常打擾同事
和同事約法三章，訂下規矩
善用通訊科技如電郵、whatsapp、wechat

第 9 節

日常的辦公法則

我們大部分辦公時間，都被不得不做但又繁瑣費時的事佔用。假如我們不能拒絕它們，便應學習以有效的方法縮短當中花費的時間。

盡快把瑣事完成

上班族經常埋怨：「甚麼朝九晚五！那 8 個小時內，根本辦不到公，不是開會，便是見客，還有電話、傳真、電郵，總是排山倒海、從四面八方湧來。真要做點甚麼，非得待五時之後不可！」

開會、見客、聽電話等都是辦公室裏最常見的工作，而且不能避免，問題在於你是否懂得減少所花的時間，把省下來的時間用於實務。

做事有技巧才有效率，我們分別在電話使用、文書處理、出席會議、文件閱讀、會見客人、交際應酬等各項的辦公室工作上，為大家提供一些處理技巧。

電話使用的工作法則

1. **找不到人，要留言**——打電話最惱人莫過於找不到對方，要記掛着再打，或等對方回電。本來想好要説甚麼或即時解決某些事情，又要暫時擱置。遇上這種情況，切記要留言——講清楚是誰來電，所為何事，請對方回電還是你會再打過去。如希望對方回電，你必須說出事情的重要性或急切性。

看看下面兩句話的分別：

「請你有空回電，我想談新合約的事。」

「請你請在今天內回電，我需要談新合約有關財務安排的部分，我們必須要弄清楚，才不會節外生枝。」

你來做一個判斷吧！哪一種說法會得到較快回應？假如你喜歡主動些，說會再打過去，為確保不會再次撲空，便要想想對方甚麼時候會在辦公室，然後說清楚你會在哪時再找他，請他等你電話。

❷ **打電話前，先寫下要點**——我們討論某一事項時，很容易遺漏一些要商討的要點，稍後記起來時又不好意思再打過去，一來怕人家覺得你很煩，二來怕浪費雙方寶貴的時間。

有效電話溝通步驟

1. 自報身份
2. 確立聯繫
3. 引起對方興趣
4. 表明需求
5. 要求會面
6. 確定開會時間
7. 達到成果
8. 致謝

❸ **討論前要準備相關資料**——假如要討論多個項目時，事先最好準備有關文件，不要臨時張羅一番。再者，當你要訂下各項目的要點時，可馬上在文件上處理。很多人習慣邊說邊把東西寫在紙上，待結束後才整理，這樣做就很費時失事。

❹ **把討論資料傳給對方**——假如在電話上要談的某個事項十分複雜，最好先把文件傳送給對方，請對方過目後，才在電話討論。白紙黑字較容易讓人掌握，你便不需要詳加解釋。

❺ **客套話可免則免**——儘管電話閒聊可增進感情，但真的要處理公事時便不要浪費時間，應避免無謂的應酬話，要自設時限，言簡意賅。

❻ **避免長篇大論**——對話的內容是以討論及歸納意見為主，詳細資料應在致電前或討論完畢後才傳送文件補充，而不應在電話中一字一句地閱讀報告。

站着用電話是很奏效的方法，因為到了某段時間，你的身體會很自然地提醒你，是時候結束了。

❼ **主動做結論**——遇上喋喋不休或短話長說的人，假如已經把事情談好，你便應果斷地、主動地做結論，例如說：「好了，既然我們雙方都同意，就照計劃進行吧！一個月後我們再開會討論，時間方面，由我秘書跟你秘書約定，謝謝！」

❽ 在等候時工作——我們致電別人時，總會浪費時間在等候對方接聽，又或等候別人切線後轉回來。雖然可能只是短短一分鐘，但這些時間加起來就很可觀。千萬不要浪費這些一分一秒，你可以邊等邊處理一些簡單的事務，如簽署文件、把文件分類等。

有趣的電話統計數字

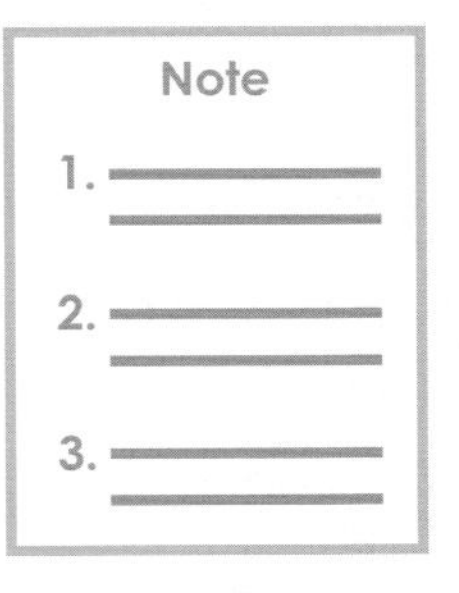

1. 沒有預先計劃好談話內容的電話，平均花 11 分鐘，有計劃的只需 7 分鐘

2. 一位經理平均每天花 2-3 個鐘頭與別人通電話

3. 約有一半的辦公室電話，其實跟「辦公」無關

4. 平均每六通電話，才有一通能找到要找的人

文書處理的工作法則

在辦公室裏，最主要的溝通工具還是文字，文件往來如是，電郵溝通如是，還有信件、報告、企劃案等等。許多人都抗拒寫東西，因為一來要推敲一番，生怕寫得不好，給人文化水平不夠之感；二來寫文章較直接對話需要較多時間。無論喜歡與否，我們總不能逃避各類的文字工作，要做得好和做得快，可參考以下數點：

1. **用字要淺白直接**——英國著名小說家奧威爾（George Orwell）曾說，寫文章有四大要訣，就是「用淺白的字眼、簡單的語句、主動式和避免術語」。這些原則也可應用在我們日常的公文往來，既可省時，又能直截了當表達意思，減少理解不良引致的誤解和麻煩。況且商業文件，首要是清楚易明，太花巧反而會弄巧反拙。

2. **表達清晰便可，忌字字雕琢**——同樣地，溝通之道，在於讓對方明瞭你的意思。一般公文做到表達清晰已足夠，除非是法律文件，否則不要字字推敲，力求完美。我不是說馬虎了事，但太吹毛求疵是很累人的，也不見得會優勝很多。我有一位朋友，是百分百的完美主義者，他發出的每封信、每篇報告，最少修改十次才罷休，就算送了出去，忽然想起某個字要改，也會電召信差回來，結果弄得自己神經兮兮，下屬背後怨恨不已。事實上，把事情做好和做得完美最顯著的分別是，前者花的時間只有後者的 10% 至 20%。

文書處理四大要訣

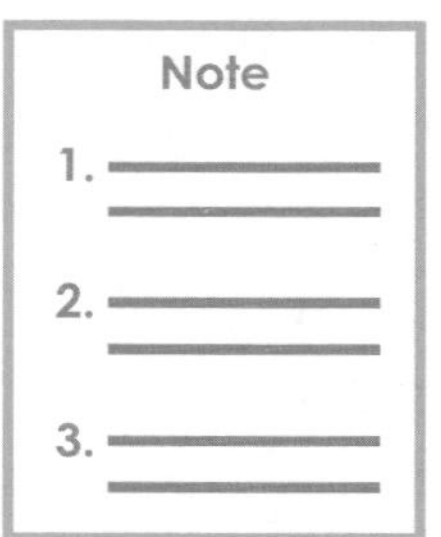

1. 草擬文件前，將想法列出來

2. 一般例行文書工作，授權助理代為處理

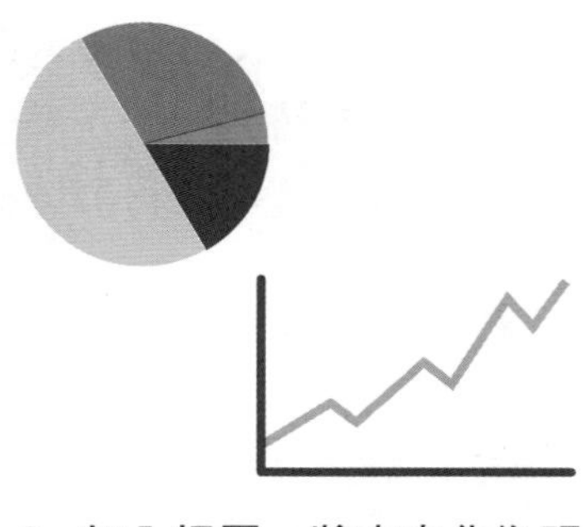

3. 加入插圖，將文字化為視覺內容，幫助讀者消化

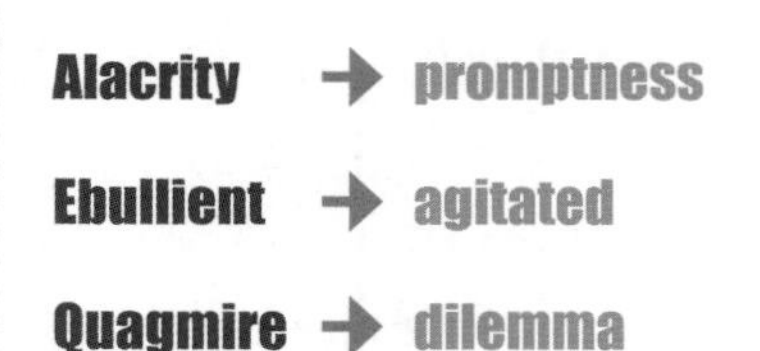

4. 避免使用複雜、不常用字句

3 直接下筆，不要花太多時間構思——寫東西時，不要花太多時間在構思上，因為文字是要經筆鋒寫在紙上，才有生命，光是腦海活動，只會雜亂無章，最好是有個概念後，無論如何也得動筆，邊寫邊修改，很快就會進入狀況，靈感湧至，洋洋灑灑。我相信有很多人都有同樣的經驗，就是拿起筆時但覺千斤重，不知從何寫起，不過只要寫下第一行、第二行，很快便能暢所欲言。我們中國人常說「萬事起頭難」，寫文章是最明顯不過了。

4 專心一致，拒絕打擾——寫文章時，最重要的是集中精神，因此你應該挑選精神最暢旺的時候下筆。疲倦的時候，不要說文采了，就是連思路、組織、點子也難精彩呢！

要集中精神，還要避免被打擾。除了要跟你聊天的「害羣之馬」外，你自己也可能是「危險人物」。比方說，當你看到桌上的相片或擺設時，你大有可能發白日夢，回憶某些甜蜜時間，或某可愛人兒。要專心一致，便請把那些分散你集中力的東西拿走吧！

5 善用文書科技及下屬——現代科技可以提高效率，當然要善加利用，所以電腦、錄音機等必不可少。電腦在當今商業社會裏已不可或缺，不過使用錄音機來協助書寫，還不是太普遍，一來因為我們大部分人都不能出口成文，二來是我們都不習慣對着一部機器自言自語。請試試看吧，在駕駛途中，在無聊等候時，把要寫的東西用口述方式收錄在錄音機裏，回到辦公室後再交給秘書或助理處理，實在是非常方便快捷的方法。

❻ 可免則免——傳達信息最直接的方法是對談，因此每次寫公文前，應先想想是否一定要寫，以電話取代可行嗎？當然，書寫和對談各有優劣，你自己要先衡量。

不同寫信方法速度

1. 親手書寫

——每分鐘 10-15 字

2. 口述，讓秘書代筆

——每分鐘 20-30 字

3. 親手打字

——每分鐘 20-50 字

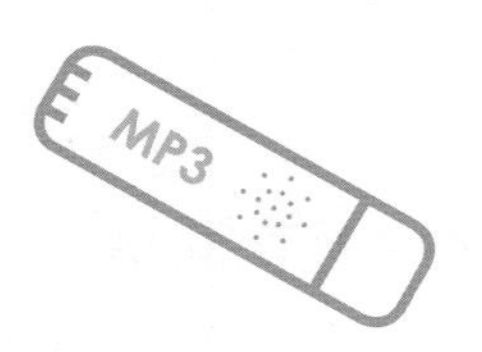

4. 錄音，讓秘書代筆

——每分鐘 60-80 字

把內容錄音，轉交秘書或助理代為處理，最為省時。

會議的工作法則

會議常被視為最主要的「時間殺手」之一。

出席會議，為甚麼會令與會者感到浪費時間？因為總有人遲到，主席漫無目的地説話，參加者自覺無關痛癢，只是為出現而出席。你不想成為受害人吧？請你必須緊記以下數點：

1. **搞清自己的角色**——每次召開或出席任何會議前，必先問自己：

   「我是否必須出席？」

   「可以找人代替嗎？」

   「參加這個會議我會得到甚麼？」

   如果你出席與否無關重要的話，我勸你還是不要去了，看會議記錄來得乾脆。當然，假如你公司是政治鬥爭的場地，一切明智的做法也會變得不明智，你就要小心衡量。

2. **準備一份會議議程**——要使會議順利進行，會前派發議程必不可少。參加者必須先作準備，想好要説的話和帶備有關文件。主席也應跟着議程一項接一項地跟與會者討論，不應想到甚麼便説甚麼。我以前真的碰過一位不愛用議程開會的老闆，常常即興討論，結果往往流於雜亂無章。

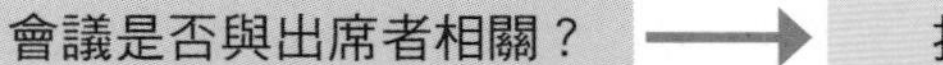

決定是否開會的要點

問題	處理方法
會議是否與出席者相關？	把會議事項分類
有否與出席者無關的議題？	安排與會者分段出席會議
人們是否忙於更重要的事？	重新安排時間
會議資料是否清晰？能否在會內下決策？	資料提早發出，盡量在會中決定方案
會議能否取消？	判斷會議重要性

仔細考慮你要召開的會議類型，
讓出席者清楚開會目的及規定。

時間錦囊

開會的原因有許多，我們必須在會議前確定開會的目的，思考清楚是否有必要開會。決定後便要考慮開會的細節，盡量做到有效果兼有效率。

❸ **搞清會議的目的及預期成效**——主席最好在開會前說明清楚會議目的和希望收到的成效，讓與會者能以此作為依據，好好準備。在會議上，主席必須鼓勵發言，要求言之有物。

❹ **選擇適當的開會時間**——盡量避免一大清早開會，早上人們的生理狀態最差，腦筋也很慢。最好挑選午飯前和下班前一個半小時開會，那麼會議的進展便會較快，因為大家心裏都會有清晰時限，會較主動地表達意見，也不致草草收場。

❺ **討論要有重心、符合主題**——討論要符合主題，這點除了是與會者的責任外，也是對主席能力的考驗。要避免偏離主題，最有效是營造緊急氣氛，即時候無多，長話要短說。

❻ **確保會議準時開始**——開會遲到幾乎是每家公司管理人員的通病，非常不符合經濟原則，因為要等一個遲到 5 分鐘的人，其他 10 個與會者也同時浪費了 5 分鐘，加起來便是公司 50 分鐘的行政時間，實在價值不菲。

要使與會者準時出席，**主席不妨使出一些行政技巧，列明議事規則。說不等候，就是一分鐘也不等候，準時開會；也可把遲到的名字列在會議記錄上**。另外，安排會議流程時可以把最重要的事項，又或牽涉所有人的事項放在議程的首位，讓每人自覺須準時出席。

最後，我們應該把開會時間訂在一些與會者都方便的時間。在星期一或清早開會只會令人怨聲載道。

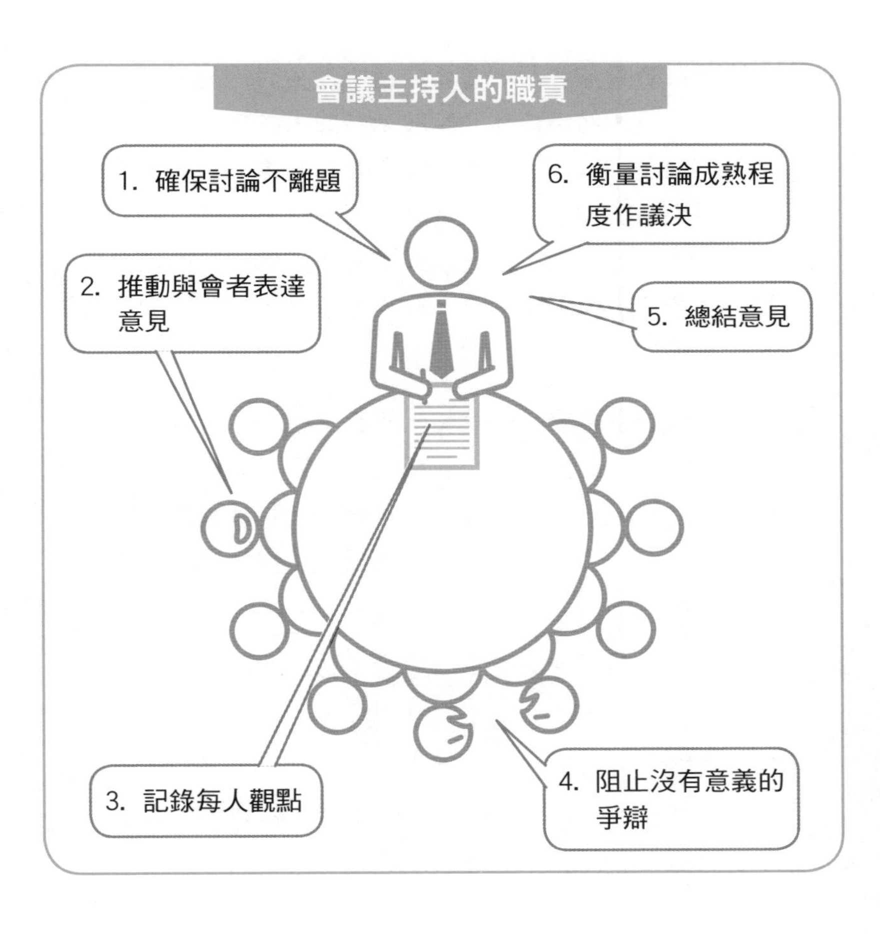
會議主持人的職責
1. 確保討論不離題
6. 衡量討論成熟程度作議決
2. 推動與會者表達意見
5. 總結意見
3. 記錄每人觀點
4. 阻止沒有意義的爭辯

7 **安排休息時間**——假如會議較長，比方說需要兩小時或以上，便需要一個中途休會時段。一般人的集中力只能維持在 45 分鐘至 1 小時，所以在這個時候休息一會，有助提高接下來會議的效率。與會者還可在休息時間互相聊聊，交換意見。但記着，**不要讓與會者跑回自己的的辦公室**，他們大多會趁機處理公務，要重新召集人們再開會，又要大費一番周章。

8 **列明會議結束時間**——我們一般都會在開會通知書上，列明開會時間，卻甚少寫上會議完結時間。事實上，設立時限是必要的，這樣做能讓與會者有心理和實質的準備，在會議前分配好時間，另外也提醒每人（包括主席）要掌握好會議議程。

我聽過一個真實的故事，某大機構的行政主管臨時召集高層人員開會，說剛想到某些計劃，要聽他們初步的意見。結果會議由早上十一時開到晚上七時，弄得各人筋疲力盡。其實，作為下屬要大膽問問老闆會議需時多久。鎖定一個結束的時間，總會給不識趣的人一點心理壓力呢！

會議的正式程序流程

1. 開會
2. 通過上次會議紀錄
3. 處理常規事務
4. 提出動議
5. 處理動議
6. 通過決議
7. 散會

我們應該在會議結束前，訂立下次會議的日期和時間。

文件閱讀的工作法則

你有沒有以下的經驗：當你銷假上班之日，桌上有一大堆文件恭候批閱，你或你的秘書一般都會把它們分類成需要馬上處理或有空才處理，後者的命運往往都是不見天日。你把它們放置一旁，過了一段時間，它們便會歸入文件檔案，甚至被丟進廢紙箱，這説明有些文件其實是可以置諸不理的，你雖然沒有看，公司還不是運作自如！

因此，閱讀文件的技巧不單在於怎樣去看，也在於挑甚麼來看。**根據一些統計，只有 20% 至 40% 的文件是需要看的，問題是你是否懂得挑選：**

❶ **有目的而為**——每次閱讀任何文件，必先三問自己：

- 為甚麼要看？
- 有關這個項目，我知道些甚麼？
- 我希望得到甚麼？

這些答案將協助你決定是否去看、要看多少和看得多仔細。

❷ **決定速度**——我們閱讀文件時，大多會逐個字念，生怕遺漏重點。其實有些文件如敘述式的報告，大可用速讀的方法了解大綱便夠了。反之，比較技術性或決策性的文件，便要讀得很仔細。

❸ **速讀**——一般人的平均閱讀速度是每分鐘 200 至 250 字，快一點的可達 300 字以上，平均水平以下的則為 150 至 180 字。要提高速度，最簡單的方法，就是快速移動眼球，

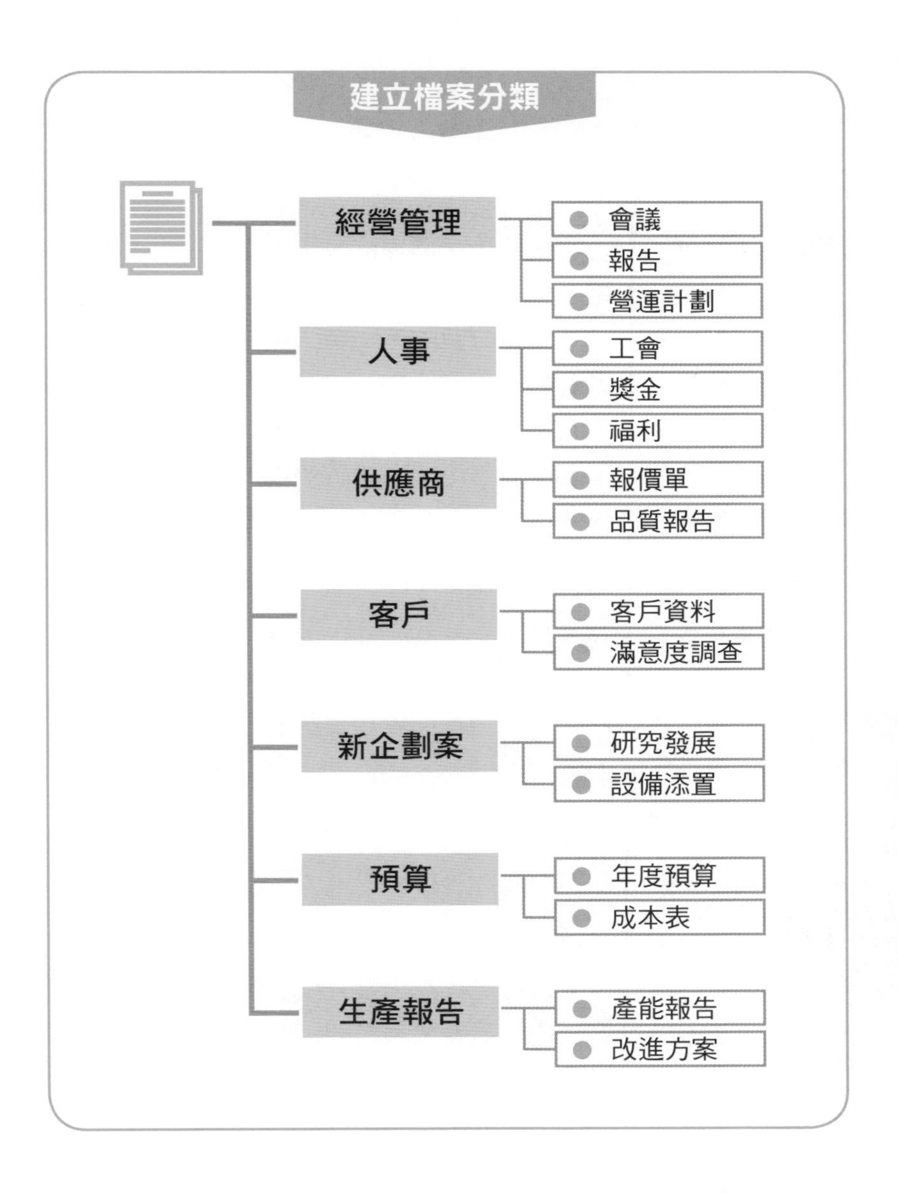
建立檔案分類
經營管理
會議
報告
營運計劃
人事
工會
獎金
福利
供應商
報價單
品質報告
客戶
客戶資料
滿意度調查
新企劃案
研究發展
設備添置
預算
年度預算
成本表
生產報告
產能報告
改進方案

避免逐字地看，每一行只看中間數個字便夠了。專家說，當人的眼球集中在某一點時，旁邊的東西也會一併收入眼簾。

4 **選擇性翻閱**——當接到一份厚厚的文件，你不要苛求自己從頭到尾看一遍，你只要挑你有興趣和有需要知道的便夠了。比方說，你是負責行銷的，一份市場研究報告，對你來說精華之處就是分析和建議部分，其他圖表、研究方法和工具等大可不看。目錄是首看之頁，來決定哪一部份值得看，待決定看哪些頁數後，可請秘書或助理影印一份，然後把報告放入文件夾，以免忍不住又把整份報告拿出來翻翻。

5 **精簡報告**——要減少看文件的時間，最直接當然是縮減頁數。你大可從下屬着手，要求他們的報告、企劃案要精而簡。我碰過一位外籍上司，他說明凡要給他過目的東西不能超過一頁 A4 紙。這樣的要求看似苛刻，卻十分有效。下屬被迫要寫得精煉，不容半句廢話，結果是替寫和看的人省了不少時間。

6 **設立統一的縮寫語言**——公司內部的文書往來，只要達到溝通目的便夠了。公司可設立一套共用的代號及符號，就好像秘書的速記一樣，節省寫和看的人的時間。

文件位置

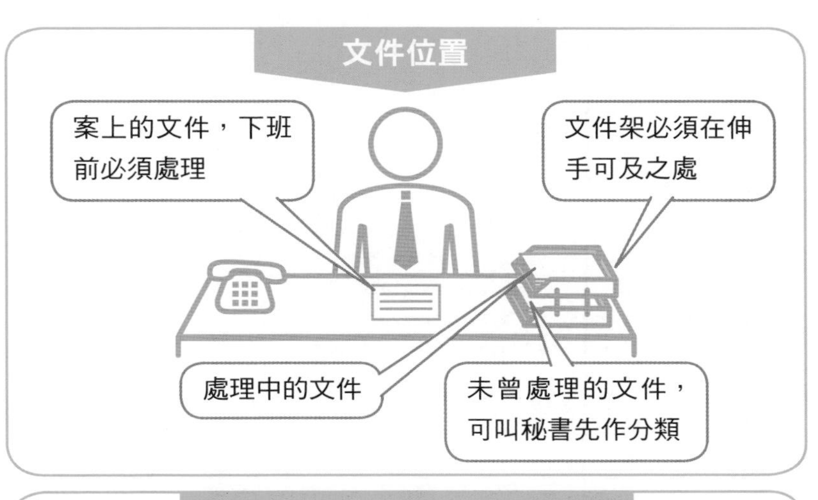

日常文件處理的優先次序

類別	內容	處理流程
File A 重要文件	A1. 上司及客戶的資料 A2. 完成期限將至的重要事項	A1. 親自馬上去辦 A2. 將摘要按時間順序放入文件夾中
File B URGENT 相對緊急文件	B1. 緊急電話、電郵、信件 B2. 時限將至的非重要事項	B1. 最緊急的資料放在上面先辦 B2. 將事項順時間排列，交由助理處理
File C SUGGESTION PROPOSAL 待辦事項	C1. 需上司簽字文件 C2. 進行中的專案	C1. 要簽字的那頁放最上面 C2. 把工作時間表及進程放於上面
File D Bill Invoice 一般事項	D1. 一般資料、電郵等	D1. 留待以上事項安排好才處理

企業常用縮寫

A	ABC	作業成本制度（Activity-Based Costing）
	ABB	作業預算制度（Activity-Based Budgeting）
	ABM	作業成本管理（Activity-Base Management）
	APS	先進規劃與排程系統（Advanced Planning and Scheduling）
	ASP	應用服務供貨商（Application Service Provider）
	ATP	可承諾量（Available To Promise）
	AVL	認可供應商名單（Approved Vendor List）
B	BOM	物料清單（Bill Of Material）
	BPR	企業流程重組（Business Process Reengineering）
	BSC	平衡計分卡（Balanced Scorecard）
	BTF	計劃生產（Build To Forecast）
	BTO	訂單生產（Build To Order）
C	CPM	關鍵路徑法（Critical Path Method）
	CPM	每一百萬個使用者的投訴量（Complaint per Million）
	CRM	客戶關係管理（Customer Relationship Management）
	CRP	產能需求規劃（Capacity Requirements Planning）
	CTO	客製化生產（Configuration To Order）
D	DBR	限制驅導式排程法（Drum-Buffer-Rope）
	DMT	成熟度驗證（Design Maturing Testing）
	DVT	設計驗證（Design Verification Testing）
	DRP	分銷資源計劃（Distribution Resource Planning）
	DSS	決策支援系統（Decision Support System）
E	EC	設計變更／工程變更（Engineer Change）
	EC	電子商務（Electronic Commerce）
	ECRN	原件規格更改通知（Engineer Change Request Notice）
	EDI	電子數據交換（Electronic Data Interchange）
	EIS	行政資訊系統（Executive Information System）
	EOQ	基本經濟訂購量（Economic Order Quantity）
	ERP	企業資源規劃（Enterprise Resource Planning）
F	FAE	應用工程（Field Application Engineer）
	FCST	預估（Forecast）
	FMS	彈性製造系統（Flexible Manufacture System）
	FQC	成品質量控制（Finish or Final Quality Control）
I	IE	工業工程（Industrial Engineering）
	IPQC	製程質量控制（In-Process Quality Control）
	IQC	進料質量控制（Incoming Quality Control）
	ISO	國際標準組織（International Organization for Standardization）
	ISAR	首批樣品認可（Initial Sample Approval Request）
J	JIT	實時生產系統（Just In Time）

K	KM	知識管理（Knowledge Management）
L	L4L	逐批訂購（Lot-for-Lot）
	LTC	最小總成本法（Least Total Cost）
	LUC	最小單位成本（Least Unit Cost）
M	MES	製造執行系統（Manufacturing Execution System）
	MO	生產單（Manufacture Order）
	MPS	主生產計劃（Master Production Schedule）
	MRO	請修（購）單（Maintenance Repair Operation）
	MRP	物料需求規劃（Material Requirement Planning）
	MRPII	製造資源計劃（Manufacturing Resource Planning）
N	NFCF	更改預估量的通知（Notice for Changing Forecast）
O	OEM	委託代工（Original Equipment Manufacturer）
	ODM	委託設計與製造（Original Design & Manufacture）
	OLAP	線上分析處理（On-Line Analytical Processing）
	OLTP	線上交易處理（On-Line Transaction Processing）
	OPT	最佳生產技術（Optimized Production Technology）
	OQC	出貨質量控制（Out-going Quality Control）
P	PDCA	PDCA 管理循環（Plan-Do-Check-Action）
	PDM	產品數據管理系統（Product Data Management）
	PERT	計劃評核術（Program Evaluation and Review Technique）
	PO	採購訂單（Purchase Order）
	POH	預估在手量（Product on Hand）
	PR	採購申請（Purchase Request）
Q	QA	質量保證（Quality Assurance）
	QC	質量管理（Quality Control）
	QCC	品管圈（Quality Control Circle）
	QE	質量工程（Quality Engineering）
R	RCCP	粗略產能規劃（Rough Cut Capacity Planning）
	RMA	退貨驗收 Returned Material Approval
	ROP	再訂購點（Re-Order Point）
S	SCM	供應鏈管理（Supply Chain Management）
	SFC	現場控制（Shop Floor Control）
	SIS	策略信息系統（Strategic Information System）
	SO	銷售訂單（Sales Order）
	SOR	特殊訂單需求（Special Order Request）
	SPC	統計製程控制（Statistical Process Control）
	SQE	供應商質量工程師（Supplier Quality Engineer）
T	TOC	限制理論（Theory of Constraints）
	TPM	全面生產管理 Total Production Management
	TQC	全面質量控制（Total Quality Control）
	TQM	全面質量管理（Total Quality Management）
W	WIP	在製品（Work In Process）

會見客人的工作法則

在商業社會裏，上班族花在會客與面談的時間佔了很大的比重。然而，許多你不能控制的因素，像等候會面、出現溝通障礙，都會造成延誤。因此，我們必須把不能控制的因素的影響減至最低，以下是一些相關技巧：

1. **安排在輕鬆的時間見客**——假如是由你安排會客細節，**請盡可能把會客時間安排在午後。很多時客人和你自己都需要安排好公司事務，才有空見面，若將會面安排在上午，只會令雙方都產生迫切感。**此外，午後見客有提神的效果，午飯過後，生理上我們都有昏昏欲睡之感，會客可以驅走睡意。另外，你也可以把會客時間安排在午飯時，因為反正大家都要吃飯，邊吃邊談，輕鬆的環境可令事情更順暢。

2. **事前準備好一切資料**——會面前務必先詢問清楚事情的內容，若是毫無準備，見面時才開始了解，雙方都無法立即回答對方的問題或拿出所需的資料，往往造成時間浪費。

3. **安排在自己的公司會面**——會客的地點當然最好選在自己的辦公室，一來省卻交通，二來在自己公司內，可進退自如，無論是結束會議或送客，可完全由你掌握。反之在人家處就會變得很被動。例如，會後人家邀請你參觀他們的公司，你不好意思推卻，但走一圈可能花你30至40分鐘，這就浪費了時間。

4. **避免在會客室會客**——聽起來很奇怪，但會客室不宜會客，是因為會客室本身存在一種會議的氣氛，除令溝通變得呆板外，也會令雙方變得小心。會客最好的地方是在你自己的辦公室，一來給客人主客分明的感覺，二來減低「會談」的嚴肅氣氛。在辦公室也可即時尋找相關的資料或使用電腦。更重要的是，看見你堆積如山的文件，客人也不好意思打擾你太長的時間了。

選擇會議地點考慮因素

地點	考慮因素
會議室	● 避免外來人員干擾 ● 空間及佈置方便團體溝通 ● 環境過於嚴肅
外部會議中心	● 保持雙向平等溝通環境 ● 顯示溝通雙方的重要合作關係 ● 成本昂貴，來往需時
辦公室	● 方便查詢資料 ● 顯示主人家的姿態，便於領導溝通 ● 會有被外來人、電話干擾的情況
公眾地方 （如咖啡廳、餐室等）	○ 環境舒適，營造輕鬆友好的氣氛 ○ 外界有較大干擾 ○ 不適用在正式及需保密的會談

❺ **事先聲明結束時間**——與通電話、開會一樣，會客也必須設立時限，不然就會東拉西扯，不知時間溜走之快。會面前可告訴對方：「很抱歉，我在 X 時和人有約，因此只能跟你談一會。」對方會很自然地加快速度，講完了就請辭。但假如你說：「我還要處理其他事務。」效果就沒有那麼好了，因為第一種說法牽涉第三者，你的客人自會知情識趣。

❻ **妥善處理名片**——在商業活動中，名片已變成告訴人家「我是誰」的工具。**把這些名片好好保存，也就是擴闊人際關係的第一步**。但不少人只當交換名片為一種儀式，只圖一時之便，把名片往名片夾一丟就了事，日後要聯絡時，卻要花不少時間找尋。

為了建立有效的人際網絡，你必須：

i. 在收到名片後，趁記憶猶新，即記下一些簡單的資料，好像見面的日期、地點、事件、介紹者等，有助日後馬上回復記憶。

ii. 將名片分門別類。你可以根據自己的方法去做，而我認為較有效的方法是以公司業務種類來劃分。

最後，存放名片的地方也有影響。一般來說，我們都會把名片放進名片盒裏，名片盒其實並不實用，檢索時往往需要每張每張的翻，浪費時間，要是盒子塞得滿滿，難度就更高了。你可以考慮那種套進透明小袋子的名片簿，讓你一目了然。

 交際應酬的工作法則

上班族的生活裏，少不免要交際應酬，透過這些活動才可建立人際關係。但可憐的是，我們通常在辦公時間以外，才開始「做這項工作」。明明已在辦公時間弄得心力交瘁，還得在工餘時間於人前強裝瀟灑，言笑晏晏。

在商業社會，應酬是不能迴避的。不過，只要你懂得一些竅門，控制得宜，便可以變得輕鬆自在。

1. **你必須要事先決定結束時間**——時候一到，便要告辭。不要感到不好意思，因為你能出席，已是給主人家賞面。告辭時大可以用「明天要出差」等理由來脫身，又或者請家人以電話找你，你便可告訴主人家「臨時有事」而提早離場。

2. **避免喝醉**——社交應酬，喝酒是少不免的了，不過一旦喝了酒，便會不知時間為何物，更有出醜的危機，因此應盡量避免喝太多的酒。若別人整天跟你勸酒，你可以告訴他「最近腸胃有點不適」或「之後還要回公司處理一些事務」作推辭。假如你是出席酒會之類的活動，便可多吃一點東西，一來空肚喝酒很容易醉倒，二來整天拿着碟子和叉子，也沒有多餘的手來拿酒杯呢！

3. **不要害怕單獨赴會**——出席宴會的最主要目的，是結交新朋友，獲取最新的市場情報和開拓新的人際網絡，因此最好是單獨赴會。我們總有個陋習，就是喜歡聯羣結黨，到了某些陌生場合，更捨不得離開熟人，可能和安全感有關

吧，但就有違應酬的本來意義了。既然參加了，便應該輕鬆點，多和他人打招呼，才算有效地使用時間。

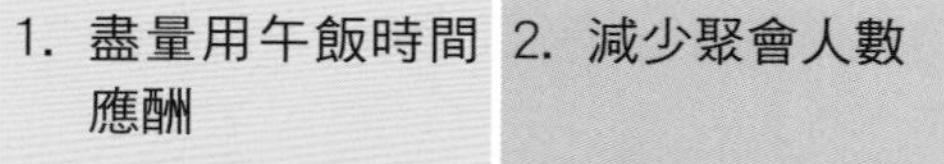
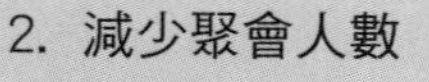

1. 盡量用午飯時間應酬

2. 減少聚會人數

3. 準時開始，準時結束

4. 避免過量喝酒

5. 事先聲明之後的工作

6. 不需要自己時，設法離開

時間錦囊

應酬數量要適宜，絕不能讓無謂的應酬打亂工作計劃！

第五章

打造聰明生活

敢於浪費一小時的人，還未發現人生的價值。

——著名科學家　達爾文（Charles Darwin）

第 10 節

人際溝通

溝通之道在乎認識溝通的意義、建立正確的態度和運用有效的技巧。良好的溝通能減省許多不必要的誤解與延誤。

與人溝通為職場最重要的一環

上班族除了要面對工作外，還要小心翼翼地處理複雜的人際關係，許多在職人士人都表示：「要是擁有一定的知識和技能，工作本身一點也不難，最難應付的是與上司、下屬及同事間的關係。」真的，**在辦公室裏出現的所謂是非、政治，是人與人相處必然產生的現象。**這些問題可能引致業務上的錯漏、延誤、誤解和紛爭，大大影響工作進度。

事實上，問題的癥結在於人事溝通不足。許多有關管理的研究都指出，今日管理層所遇到的最大難題，是未能有效地溝通。在現今競爭激烈的社會裏，溝通不善與沒有溝通，其負面後果並無二致。所以，要避免浪費時間，最直接的解決方法就是改善溝通。

為免偏離本書主題，我不會講述溝通的理論，只會就時間管理方面，提出一些有關的溝通技巧。

了解人與人之間的溝通過程

要增進溝通技巧，我們必須先了解左右溝通效果的因素：

1. **凡是口頭的指示，聽者通常只會吸收或記得 50% 的內容。**

2. **長篇演說中的資料性內容，例如數字，聽者會迅速忘掉。** 就算是演説的內容，也只能對其中 25% 至 50% 留有印象。

3. **聽者和講者的關係也有影響。** 例如上司的説話，下屬通常只把當中的 20% 至 60% 存於腦海，原因可能是下屬慑於上司的權威，不敢多問；也可能是兩者之間畢竟存有隔膜，形成一道信息傳遞的障礙。

❹ **基於個人的興趣、偏見及感情，聽者會過濾別人的說話。**他感興趣的，便會「洗耳恭聽」；不喜歡聽的，便「充耳不聞」。

❺ **一般來說，我們都不善於聆聽，因為當別人說話時，我們大多想着別的東西，譬如想着接下來自己要說的話。**倒過來說，我們都喜歡說話，因為說話讓我們有掌握大局的安全感。

❻ **人與人之間距離的遠近也會影響溝通的效果。**簡單如電話會議、書信和面談，當然是以後者較為有效，因為雙方面對面傾談時，可同時觀察對方的反應。另外，人分隔了便有疏離感。假如雙方之間已建立一面牆，溝通就更困難了，西諺亦有云：「分開的愛再不是愛。」（Love apart is no more love.）

❼ **時間和環境也是影響因素。**說話多少、語氣輕重也要看時間和場合，例如你的上司出外開會碰了一鼻子灰回來，你還會走去跟他談加薪的事嗎？你在眾人面前批評某下屬，他能不恨死你嗎？

❽ **通常緊急的事情永遠能首先抓着人的注意力，不管這件事情重要與否。**你想想，在辦公室一疊疊的文件裏，你是否會先把緊急的拿出來看？

❾ **肢體語言也很重要。**我們的眼神、手勢、面部表情、肢體動作等，都會告訴別人我們在想甚麼，也會影響我們說話內容的可信性。同樣地，**我們也可透過這些「無言的對白」洞悉別人的內心世界。**例如，你看見跟你說話的人以手指

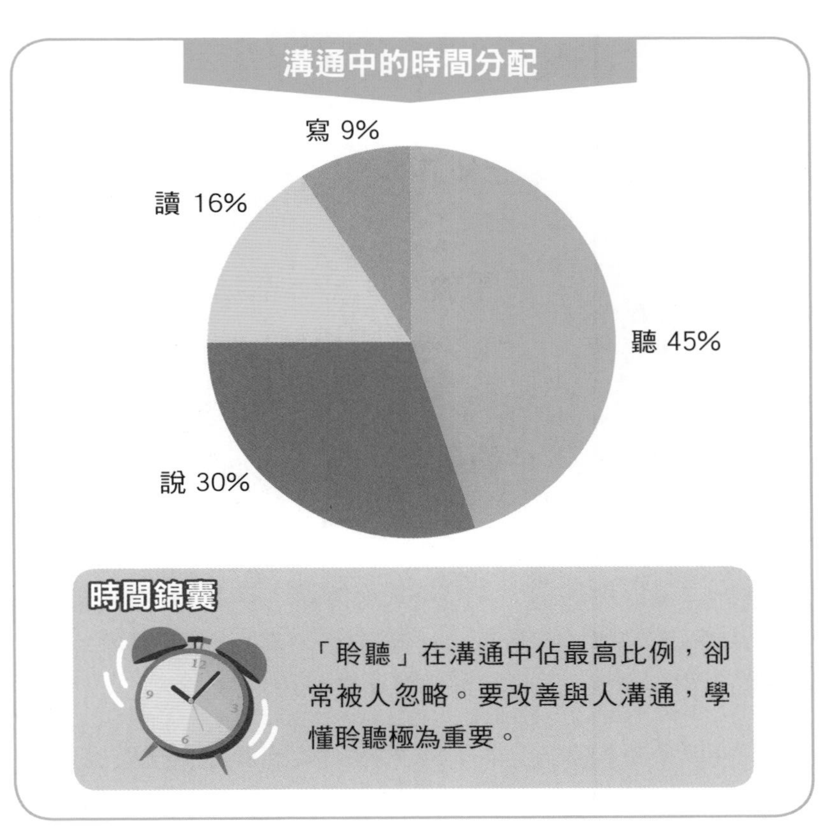

敲打桌面，那是表示他不耐煩；又或者他的唇緊閉、眉頭深鎖，那是深感不滿和感到煩厭的意思。因此，懂得閱讀別人的肢體語言，便能進退有據。

了解這些因素後，你便要學習正確的溝通態度和有效的溝通技巧，才能確保與他人有良好的溝通，省卻許多不必要的麻煩。

所謂態度，是你必須要開放自己，接納別人。「邱漢來窗口」（Johari Window）理論表示，開放自己是促進人際關係的良方。我們及別人對自己的認識（指性格方面），有如下圖的情況：

	自己知道的	自己不知道的
別人知道的	**開放**	**個人盲點**
別人不知道的	**隱藏**	**未知數**

要是我們能擴闊左上方的方格範圍，即多開放自己，其他三個方格的面積就會縮小。那是說：我們越開放自己，別人就越明白我們，誤解、磨擦等便會相對地減少。

嘗試多接納別人，即常常考慮別人的觀點，把自己代入別人的環境去想，體會別人的感受，才是良好的互動關係的基礎。

我聽過一個故事，非常發人深省。話説上美術課時，老師請同學把他們在元宵節看見的東西畫出來，結果一位小女生呈交的圖畫令老師驚訝不已，她畫的全是人的下半身！為甚麼呢？因為她跟着爸爸媽媽看花燈，由於個子小，所以看見的只是前面人潮的腿。這個故事説明，**當我們與別人溝通時，也應考慮別人的處境和價值觀**，不要把自己的一套強加於人，否則會引致別人的不滿，甚至怨恨。

與人溝通的技巧

至於技巧方面，概括如下：

❶ **讓對方感興趣**——與人溝通之道，在於喚起對方的興趣，從而促進了解和建立合作關係，因此我們說話的內容要引起對方的共鳴，讓他看到雙方共同的利益所在。雖說人是萬物之靈，但我們仍保留一些原始的本性。請看看為甚麼海洋劇場的海獅、海豚會賣力地表演令觀眾興奮不已的花式？為甚麼它們會努力跟觀眾一起拍手引你發笑？這是因為牠們知道完成這些動作後，會有報酬——訓練員會給牠們小魚吃。同樣地，**我們也要知道利益之所在（物質或無形的都可以），才會對某些事情感到興趣。**

❷ **令人容易明白**——讓人馬上明白的信息，才是最有效的信息，因此說話、書寫都要使用顯淺的字眼、簡短的語句，以及避免使用術語。西方人也常說「淺白的英語才是好的英語」（Simple English is good English）及「簡單就是美」（Simple is beauty）。

❸ **表達清楚**——你要說甚麼，便清清楚楚說出來，不要說一句，不說一句，讓別人猜想，待人家弄錯了，便光火一頓。不要說影響兩者之間的關係，單是延誤了工作，便是損失。比方說：你把一份厚厚的報告其中一頁摺起來，拿到秘書面前說：「影印10份，趕着用的。」接着便開會去了。秘書跑到影印機前就會猶豫——是整個報告影印10份，還是只是摺起的那頁呢？為安全計，整個報告影印吧！當然，你回來時看到一大堆的影印本放在桌上，那還不光火？把秘書召來大罵一頓，但錯在她嗎？

4 有力的語氣——我們說話時抑揚頓挫，是為了加強感染力，讓人印象深刻。例如你有一份緊急的文件，要請助理馬上處理，那你要以強而有力的語氣對他說「這是很趕的，必須要在下午 X 時前完成，來不及的話，會招致很嚴重的損失」等等。假如你只是輕描淡寫地說：「很趕的啊，快快去做吧！」聽的人可能感受不到那種迫切性。其實，你怎樣說往往比你說甚麼來得更重要。

5 細心聆聽——從聆聽中我們才可知道對方的意見、心聲，以及是否明白你所指的意思。聆聽所需要的技巧是：集中精神去聽當中的含義和暗示、適當的時候提出適當的問題、尊重別人的見解、不倉促下判斷和不要不斷加插自己的意見等。**溝通不足的「不足」其實就是指我們沒有好好聆聽別人的說話。溝通是需要雙向的。**

6 綜合說話內容——為了避免誤解雙方的意思，無論是說者或聽者都可在某些時候總結一下之前談話的內容。比方說「我的意思，總括來說是……」或「那麼你的意思是希望我……」等。這樣就可確保事情順利進行，不會白走冤枉路了。

7 肯定別人——我們做任何事，都希望獲得別人的認同。人是羣體的動物，所以我們很在乎別人怎樣看自己。就算是孤芳自賞的人，口裏雖然不在乎他人的看法，骨子裏也是希望別人認為他真的是不吃人間煙火。所以在溝通的過程中，你能肯定別人的意見，適當時候給他一頂高帽子，最容易讓人受落。你要推銷甚麼，介紹甚麼，毋須費太多唇舌就可成功。例如你要讓某人考慮你的建議，你大可說：

「我知道你一向在 XX 得到很好的價錢，但我們也同時試試 XX 吧！成功的話，豈不錦上添花？」

有效表達自己的原則

- 對事不對人
- 坦白表達自己的真實感受
- 多提建議，少提主張
- 充分發揮語言魅力
- 確保對方理解自己的含意

BRA-A 溝通法

Benefit（利益）
交代清楚對話內容涉及的利益

Reason（理由）
交代清楚對話的理由

Action（行動）
確立對話後將有何實際行動

Ask（詢問）
積極了解對方的想法與意見

「聽」的層次

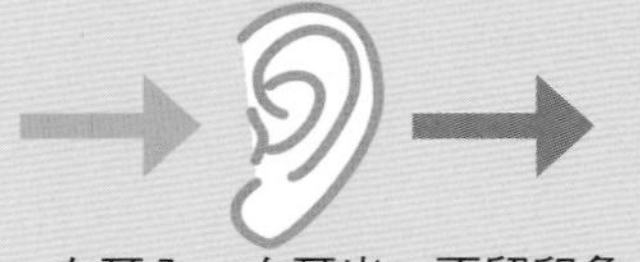

1. 左耳入，右耳出，不留印象

2. 只有聆聽，沒有理解內容

3. 選擇聆聽只感興趣的部分

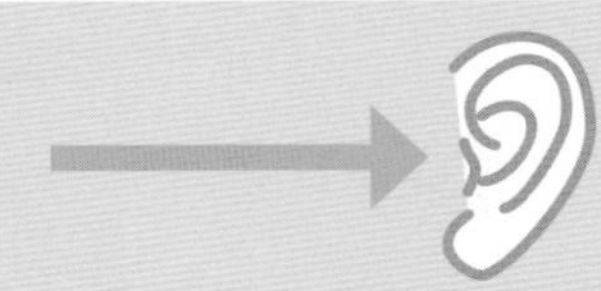

4. 積極聆聽，分析對方的說話，再作積極回應

積極聆聽的原則

1. 要有目光交流

2. 不要打斷對方說話

3. 不要急於下結論

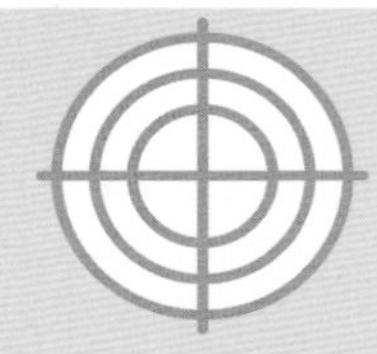

4. 要集中注意力

5. 積極表示理解對話內容

時間錦囊

積極聆聽可以令你掌握信息，給對方一個良好印象，對別人加深了解。

8 要懂得說「不」的技巧——很明顯地，懂得說「不」，才可把不必要的事情推掉，才可專心於重要的事情上。但說「不」除了要有勇氣外，還要有技巧。前面說過，說「不」是要有禮貌地推辭，給對方清晰的解釋，最重要是給對方另外的選擇或建議。**能夠說「不」的人都是當機立斷的人，從時間管理的角度來看，都是溝通高手。**

拒絕別人四招

拒絕別人是困難的事，我們應該按不同的情況來選擇不同的拒絕方式。

招式	方法	適用情況
直接分析	直接向對方陳述拒絕的客觀理由，包括環境因素及個人限制，令對方理解苦衷	1. 雙方有信任基礎 2. 對方有較高的理解能力 3. 事情是清晰的
巧妙轉移	轉移話題，利用語氣的轉接作暗示，讓對方知難而退	1. 事情重要程度較低 2. 有對方更感興趣的話題
身體語言／間接傳遞	利用搖頭及表情暗示來表達拒絕的意思，或透過第三者表達	1. 事情為客觀事項，不涉及個人感受 2. 多用於由上而下的關係，如上司對下屬，客人對推銷員
拖延	暫不給對方答覆，令對方的動力隨時間降低	1. 事情並不緊急 2. 與對方無重要的合作關係

第 11 節

增強工作力

以最少的資源（包括時間、人力、財力等），換取最大的成果，才算是有效率。這個方程式完全由你控制。

從內到外增加工作效率

說到效率，我們大多會馬上想到成效的方面去。其實，衡量效率不能只看結果，還要看付出多少。與第一節說過的生產力（productivity）一樣，效率應該是一個以成果（output）除以投入資源（input）的數值。數值越高，效率便越大。

$$\text{效率（efficiency）} = \frac{\text{成果（output）}}{\text{投入資源（input）}}$$

在時間管理上，要增加效率，也就是以最少的資源（時間）換取最大的成效。從這方面，我們看看以下數個題目。

根據體能循環來安排工作

雖然每個人的健康狀況不一樣，但一般來説，人的作息起伏都有一個差不多的模式，如下圖：

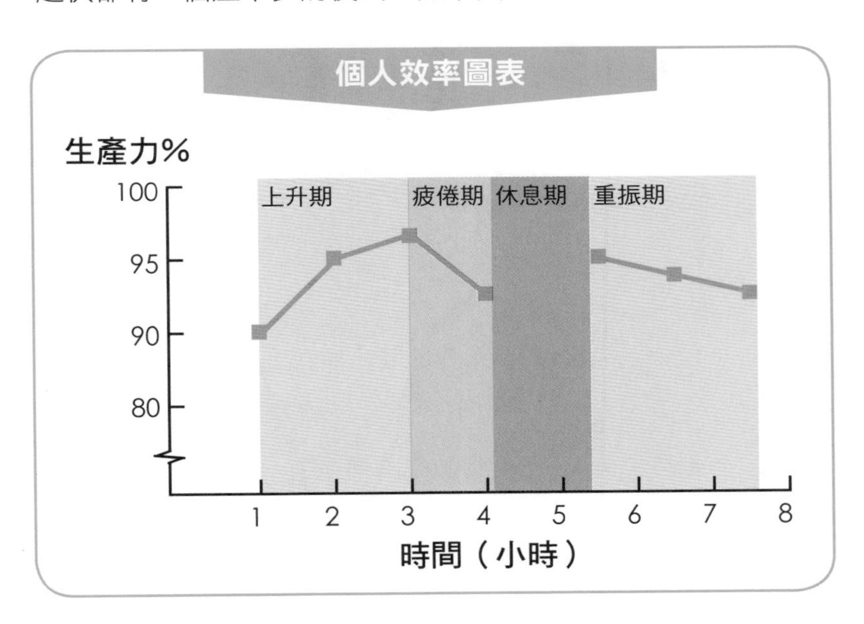

從這個圖表，我們可得知「個人能量循環」（energy cycle）有熱身、疲倦和重振精神三個階段。開始的時候，好像機器一樣，經過一小段熱身（warm-up）的時間後，我們會進入狀態，生產力不斷地提升，但到了個多小時後便會緩慢下來，有走下坡的情況了。兩至三個小時後更會進入疲倦（fatigue）的階段，在這個時候，我們便需要休息一小段時間，才可以進入第三個階段——重振精神（rejuvenation），繼續拼搏。

值得注意的是，當我們重新投入工作時，我們的體能不是從剛停止那一點開始，而會在較高的位置，這表示休息過後，生產力會重新提升，但接下來會再次漸漸下降。

另外，以下的圖表詳細地顯示我們每天「朝九晚六」的上班工作表現：

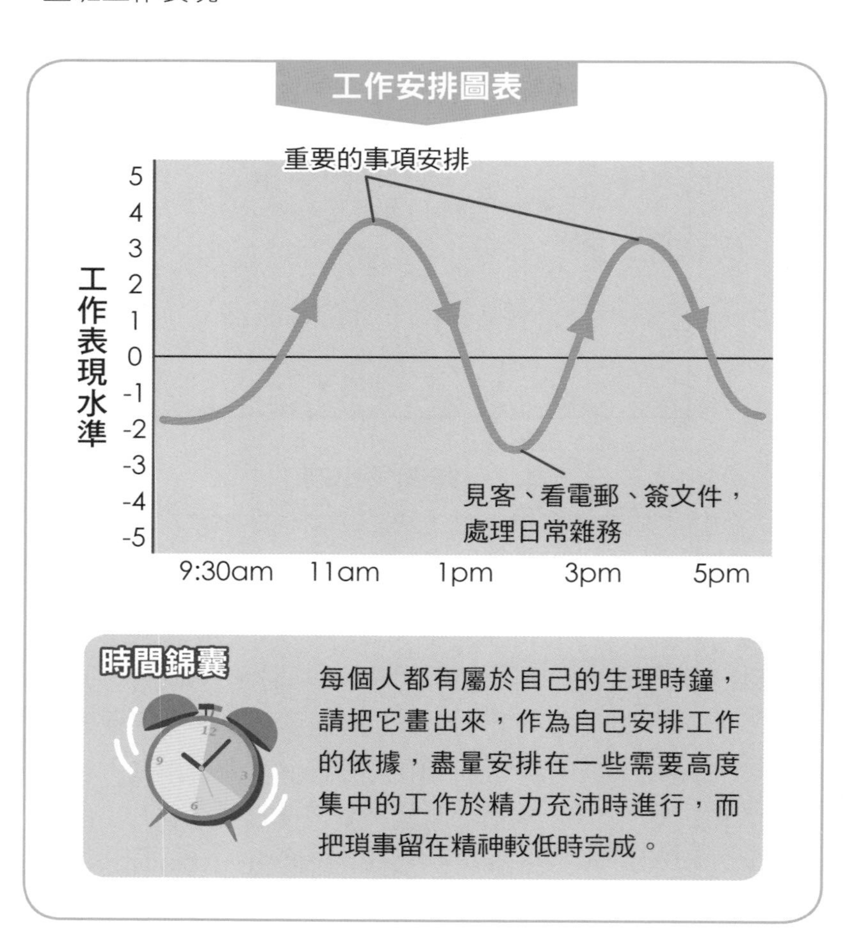

這裏看到，從早上九時開始，我們的工作表現會直線上升，直到十時、十一時，便開始滑落。但午膳過後，又會有所提升，儘管上升的速度和實質的表現已不如早上；到了下午四時，上升的速度更會減慢；下午五時，表現徐徐滑落。

一些統計顯示，在非最佳狀態下做事所花的時間，會比最佳狀態下高出數倍，因此我們應調整生活習慣和工作方式，盡量在體能表現最佳時工作，以節省時間。我們可依循下列的方法：

❶ **根據每天的效率起伏情況分配工作**——重要的事情和難於處理的事情，應安排在每天精神最暢旺的時候來做。

❷ **珍惜上班的第一個小時**——許多人都有一個習慣，在早上到達辦公室時不是馬上開始工作，而是做些無關痛癢的事，好像到茶水間洗洗杯子、沖咖啡、跟同事聊天、翻報章，有些女職員更喜歡捧着鮮花到洗手間換水，遇上其他女同事，難免以花為題，談到其他事情去。一晃眼，頭一個鐘便浪費了一半，多麼可惜！

❸ **在工作中段時間休息**——無論有多忙，或正在處理甚麼大事，為了走更長的路，總要給自己一些休息的時間，期間你可以做別的事來轉換情緒，好像聽一小段樂章、翻翻輕鬆的雜誌、處理一些性質截然不同或較輕鬆的工作。最有效是打電話給自己喜歡的人，特別是家人或情人。聽見你的小孩天真活潑的嬌嗲、老婆溫柔體貼的説話，便能讓你重振精神，繼續全力以赴工作。

❹ **利用午膳時間處理私務**——除非是有飯局或商務午膳，一般來説，我們都不需要用一整個小時來吃午餐，但是，剩下的時間用來工作，也不會有效率。那時，最好用來處理一點私人事務，好像到銀行處理帳務，或到超市買點東西等。處理好私人事務，便不用在上班時牽掛着，影響工作效率。

❺ **不要把工作帶回家**——許多人都錯誤地估計自己的決心、毅力和體能，每每下班都把一大堆文件放進公事包，準備回家再努力。但你回頭看，有多少次能成功戰勝舒適的睡床、多姿多彩的電視節目、家人的喧嘩等各種誘惑？與其白白做了苦力，徒增內疚感，倒不如輕輕鬆鬆回家，盡情享受家庭樂，讓自己身心徹底休息，翌日有更好精神再衝刺。

❻ **積極的人生觀、健康的身體**——醫學界人士經常勸告我們要保持心境開朗，不要過勞、抽煙、喝酒，要有適量休息和睡眠，多做運動，建立良好的均衡飲食習慣。現代人大都深諳健康之道，但畢竟知易行難，真正確切實行的人可謂鳳毛麟角。

事實上，一些醫學報告指出，**我們身體出現的小毛病，有七成源於心理因素。當我們樂觀、積極、快樂的時候，體內抵抗病毒的元素會增加，疾病自會減少。**有了健康的身體，我們才會更快樂，更充滿自信。反之，當我們悲觀、消極、憂愁時，體內的抗體就會減少，變得容易生病，情緒進一步低落，形成惡性循環。且看那些當權人士，每一個都是容光煥發，自信心高漲，那種光彩油然而生。想成為成功人士的話，便請從積極的人生觀和健康着手。

情緒管理個案分析

項目	情況
情境	在銷售工作中，屢次遭客戶拒絕
情緒	沮喪、失落、欠自信
負面影響	面對客戶時畏縮，影響表達能力 失眠，影響日常工作 判斷力減弱，影響工作效率
工作效率	每月業績下降 40%；缺勤情況上升 10%
重新評估目標	一個月內改善情緒問題，並提高業績 20%
行動計劃	1. 每天記錄遭拒絕的過程，客觀分析原因 2. 虛心請教同事或上司，改善工作方法 3. 閱讀有關情緒問題的資料

時間錦囊

情緒會直接影響我們的工作效率及表現，以及計劃安排與執行，必須改善它。

把時間「回收再用」

與再造紙一樣，逝去的時間也可以「倒流」的。這裏談的不是甚麼科幻迷離的事情，而是實實在在把已過去的時間「回收再用」的方法：

1. **尋找先例**——所謂「太陽底下無新事」、「天下文章一大抄」，許多時候，我們毋須着意找全新的方法或模式去處理一些事情，用心構想也是很花時間的。在某些情況下，如以效率為先，我們不妨尋找一些先例跟從，往往事半功倍。

2. **略加修改**——假如不想全部抄襲過來，也可把前人的經驗和成果作為基礎作修改。只要稍為動動腦筋，舊事物不難有令人耳目一新的成效。這裏有一個故事：1974 年，美國 3M 公司有一位職員霍爾（Arthur Fry），他是一位虔誠的基督徒，經常參加教堂的詩歌班。為了便於迅速找到要唱的詩歌頁數，他事前都會用小紙條把那幾頁標示出來。但到正式獻唱時，小紙條卻經常掉落，令他狼狽不堪。後來他靈機一觸，想起了同事史佛（Spencer Silver）發明的超弱黏膠，可令小紙條貼在書本上不掉下來，撕開時又不留痕跡。3M 根據霍爾的點子，生產出廣受歡迎的「報事貼」（Post-it note pad），這種便條紙更成為了全世界第四大暢銷的文儀用品。

3. **避免重蹈覆轍**——不再犯錯，就等於是把時間「回收」，問題是你能否從錯誤中認識自己和汲取教訓。人的劣根性是諉過於人或歸咎於時運不佳，結果便看不到自己的缺點和失敗的原因。做不到虛懷若谷、經常自我警惕，就難以有進步。當別人大步向前，你還在原地踏步，「逆水行舟，不進則退」，便是白白浪費寶貴的的光陰。歸根究底，時間管理就是個人管理，所以首先應從自己的處事心態的根本做起。

把工作轉化為生活

雖說工作時要集中精神，但由於大腦和小腦分別控制不同的神經，所以頭腦和身體其實可以同一時間分開運作。聰明的人便會懂得身心並用，讓腦力工作結合身體活動，從而產生意想不到的效果。

另外，**若我們能把「辦公時間」的框框打破，即是把固定 9 個小時的工作時間分散於生活中，我們的時間運用便會變得更靈活，更有效。**以下是一些可供參考的例子：

1. **工作時娛樂，娛樂時工作**——聽起來好像違背了一般的想法，不過，當中的意思是，使用腦力工作的時候，為了增加效率和靈感，你可同時聽聽音樂，或做一些你喜歡、令你更有精神的事情。倒過來，在玩樂的時候，你也可把當時看到的、聽到的引申到工作上。你知道日本新力集團（Sony）的創辦人盛田昭夫是如何構想出「隨身聽」（Walkman）的嗎？話說他打高爾夫球時，總愛同時聽音樂，但他的隨從可慘了，因為要大費周章在偌大的高爾夫球場設置擴音器等器材，盛田自己也感到很麻煩，於是他一邊打球一邊想解決方法，結果想到研製「隨身聽」這嶄新的玩意。

❷ **利用無聊時間**——在分秒必爭的社會裏，應該沒有甚麼「無聊」時間可言。但我們不是分析過，有些情況是我們無從控制的嗎？例如交通阻塞、排隊等候、工作要待別人的部份完成才可繼續等等，這都是無可奈何的事。我們能夠做的，就是有效地打發這些「無聊」的時間，譬如看看書、寫下當天要做的事、自修外語等。

❸ **利用零碎時間**——所謂零碎時間，是指那些偶然出現的短暫空檔時間，例如開會但會議延遲了，或打電話但沒有人接聽等等。你可用這些時間處理一些簡單的事情，例如簽署文件、閱讀郵件、把文件歸類等。下次開會時，帶備一些其他的文件，以免在等候其他與會者時，白白把個人時間浪費掉。

讓其他人替你工作

許多有關有效管理的書籍都強調權力下放或充分授權的重要性，這些都跟提升員工歸屬感、激勵下屬、培養人才等團隊管理有關。**以時間管理而言，權力下放就是為了利用他人的時間來要節省自身的時間，提高個人效率。**

假如你有一羣下屬，你就要充分利用這個優勢，把工作交給他們。你可能會問：「下屬都把工作做好，老闆還要我來幹甚麼？」不是的，作為主管，你的職責是要領導團隊工作，而不是凡事都要由你捲起衣袖，親力親為。

權力下放是一個很重要的人事管理課題，但為免離題，這裏不會跟大家詳細分析，而只會從時間管理的觀點來談一些實行原則：

1. **選擇適當人選**——我們都會說「人盡其才」，如果你擁有幹練的下屬，不要浪費，他能為你節省許多時間。

2. **交託適當的工作**——當然，我們不應該、也不可以把自己所有的工作交給下屬處理。屬高度機密、不能出錯的工作，都應該親自處理。**權力下放不等於推卸責任，要拿捏得準，才是管理人才。**

學習幽默，用輕鬆的態度面對壓力

柏克市場研究（Burke Marketing Research）的調查結果顯示，80% 的人事主任認為有幽默感的員工做事，會比沒有幽默感的員工為好。事實上，幽默感的確可以：

1. 增加生產力
2. 促進有效溝通
3. 提升士氣
4. 減少員工缺勤
5. 提升解決問題技巧
6. 緩和緊張氣氛，降低憤怒
7. 強化團隊精神

多些和你的同事、上司說笑話吧！

❸ **給予責任和權力**——交付工作時，要同時給予下屬適度的權力，這樣才會讓他感到受器重，才會鼓勵他把事情做好，才可以節省你的時間。

❹ **解釋目標，表明要求**——為了避免犯錯和達到你期望得到的成果，最佳的方法就是事前清楚地告訴下屬工作的目標和要求，假如要他們瞎子摸象地工作，結果是浪費雙方的時間。

❺ **提供支援，定期檢討**——同樣地，為了避免犯錯和使事情順利進行，作為主管最好就是給予適量的支持，期間定時與下屬檢討事情的進度。這些時間都是用得其所的，因為可以避免出錯，繼而花更多的時間來補救。

❻ **肯定成就，提高士氣**——下屬把事情處理好，你一定要肯定他的成績和功勞，這樣才會建立工作的鬥志。對自己而言，有一個樂於工作的下屬是你的幸運，因為你可以把時間用在更重要、對你事業前途更有利的事情上。

五種授權方法

方式	內容	適用情況
1. 充分授權	允許下級決定行動方案，並將所需的人力資源完全交給下屬	1. 例行公事、重要性一般的事項 2. 下屬為高級管理人員 3. 流程穩定清晰的項目
2. 不充分授權	要求下屬就工作先作深入調研，提出方案，經審核後再把具體項目的執行權力授予下屬	1. 新的項目計劃 2. 整體工作需由主管提供明確清晰目標 3. 下屬為專門知識性員工，非策劃管理人員
3. 彈性授權	設定授權的時間和範圍，依情況有條件地來發放權力	1. 多變的執行環境 2. 具明確時間性的計劃
4. 逐漸授權	按項目的進程，授予下屬更大的權力	1. 項目經策劃後已開始穩定發展 2. 下屬在初期表現良好
5. 制約授權	將權力分拆下放，並互相制約，例如把物資採購權授予採購員，但物資管理權授予倉管	1. 慣常的工作流程 2. 有清晰的部門分工 3. 不牽涉各部門利益衝突

時間錦囊

授權是非常重要的管理手段，我們必須有系統地授權，以免出現權力失衡。

第 12 節

高效生活習慣

時間永遠不會停下來等候漫不經心的人，我們要珍惜一分一秒，積極進取，才可勝過別人。

把自然流失的時間「轉虧為盈」

每當我們回頭看一年來做了甚麼的時候，很多人都會感嘆道：「怎麼又一年了！」這麼的一句，當中帶着的不只是慨嘆，也包含了懊悔和無奈：慨嘆是為甚麼時間走得那麼快，懊悔是為甚麼沒好好把握，無奈是有感身不由己……這種時間情意結讓我們透不過氣來，總是感到整天要跟時間競賽。

競賽的結果總有勝敗之分，如何可以走在時間的前面呢？答案就是**把本來應該失去或自然流失的時間也拿來使用，將那些「負資產」轉虧為盈。**

甚麼是「自然流失」的時間？就是那些不經意、不知不覺間溜走的光陰，包括：

i. 交通時間；
ii. 等候時間，例如排隊，辦理手續；
iii. 失眠或賴床時間；
iv. 無意義的活動，如呆坐、看電視；
v. 生活雜務，如購買日常用品、汽車入油。

要把這些時間據為己用，可以參考以下方法。

善用交通時間

無論是出門上班或下班回家，總不能避免交通佔用時間，假如碰上交通阻塞，就更是「雙重」賠本。要避免費時失事，影響情緒，就該為自己擬定一套能充分掌握交通時間的妙法。

❶ **與運動並行**——倘若上班地點離家不遠，不妨以步當車。都市人常埋怨沒時間運動，那麼就利用上下班的時間走一段路，活動筋骨，把平時進健身房的時間省下來，去做其他的事，一石二鳥。

另外，回到辦公大樓，與其早上花一大段時間排隊等候升降機，倒不如走樓梯，這也是很好的運動。要是辦公室在較高樓層，也可以先走一段樓梯，才轉乘升降機。

能夠養成每天至少走 30 分鐘路的習慣，更勝偶爾一次的劇烈運動。

❷ **避開繁忙時間**——住的地方離辦公室太遠，不得不使用交通工具的話，那麼最重要便是避開人潮和堵車的高峰期。譬如說，要是你能提早一小時或 30 分鐘上班，你應該只需要 30 分鐘便回到辦公室，但碰上交通高峰期，可能要花多一倍以上的時間。這是多麼無謂的浪費。

早一點出門，交通工具不會擠滿人，你便有座位可坐，然後可以自由選擇讀報、看書、閉目養神或計劃當天要做的事。每天 30 分鐘，一年累積下來就相當可觀，這豈不是比別人賺多了時間呢？

❸ **車上觀察構思**——除了讀報、看書外，在車上你還可以細心觀察車內的人羣、車外的景觀，掌握社會脈搏。一般來說，街上的人羣、廣告、裝飾都可以告訴我們潮流趨勢、市場發展，甚至是流行話題與社會關心的事物。這些「流動資訊」比其他資訊不遑多讓，比一份份的市場調查來得更直接和深刻。

你也可以在車上構想一下企劃報告，途中既沒有人和你説話，亦沒有辦公電話打擾，最適宜思考。但記着，**當你構想時，一定要拿着手機或紙筆，把要點簡單地記下來，不然下車後，你會忘記得一乾二淨。**

❹ **預設手機鬧鈴**——在車上看書或構思太過專注，往往過了站也不知道，但若是太在意下車時間的話，又難以集中注意力。我們最好事先將手機的鬧鈴設定在該下車時間的前幾分鐘，例如你所選擇的車程一般來説是要 30 分鐘的，那麼你便在上車時把鬧鈴設在 25 分鐘後響起來，如此你就可以專心做事，或安心地來個小睡。

❺ **「解體」書本**——在車上看書是一個很好的善用時間習慣。曾有一次在日本公幹，在火車上看見一位西裝筆挺的男士擠在人羣中，拿着明顯從書中撕下來的幾頁紙埋頭地看，實在精神可嘉。有人會説車上人太多無法看書，或書本太沉重，不好拿，這些都只是藉口。現代科技發達，只需電子書，甚至利用手機鏡頭將要讀的頁數拍下，便可安穩輕鬆地在途上閱讀了。

等待的時間幹甚麼？

1. 閱讀報紙、雜誌或書刊

2. 構思當天工作程序

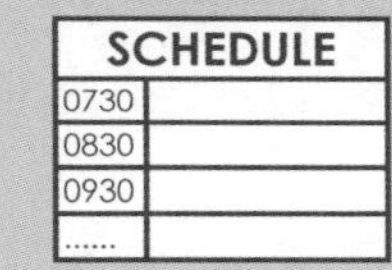

3. 總結過去工作情況

YESTERDAY
0730
0830
0930
......

4. 學習外語或普通話

pǔ tōng huà
普通话

5. 玩提升腦力的遊戲

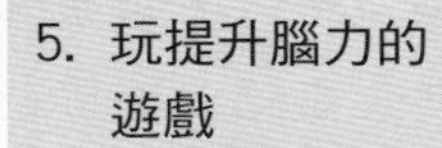

6. 回覆電郵

7. 寫作

8. 致電客戶或同事

9. 閉目養神

善用出差外遊時間

要是你經常要往外國公幹的話，你定會抱怨坐飛機是最浪費時間的事。事實也是如此，單是航班起飛前的檢查、通關、等候登機，就最少花你一個多小時。假如碰上飛機誤點，就更惱人。要「轉虧為盈」，唯有積極地利用這些時間做些有建設性的事。

1. **收集情報**——在候機室時，可瀏覽書店及購買最新出版的書籍、刊物或國際財經雜誌。平常上班太忙，總抽不出時間逛書店，現在是最好的時候了，特別是在外國的機場書店，書刊的種類既多且新，在老家也未必買得到。本人就最喜歡在外國的機場購買外語書籍，然後在候機室及航機上看。通常一個十多小時的飛行時間內，便可以把整本書看完。

2. **計劃構想**——離開辦公室能讓你腦筋清醒，既沒電話打擾，也沒閒雜人等在你周遭跟你說話。所以，最好趁這段時間做一些需要安靜環境、集中精神去構想的工作。為免機艙服務員過於殷勤而打擾你的工作，你可在座位上貼上「請勿打擾」的貼紙，讓服務員知道。另外，入境表格也可事先交由秘書填妥，自己簽個名便可以，省時快捷。

在回程飛機上，趁記憶猶新，最好整理行程報告，安排跟進事項。你還可以整理旅途報帳項目，假如你留待回到辦公室才處理，便可能要花更多時間來重整記憶，令積壓的工作又多了一項。

③ **寓工作於娛樂，寓娛樂於工作**——出外旅遊公幹，最令人感興奮的是到了一個新的國度，享受異國風情，因此出差時大可利用工餘時候盡情享受，平日難得休息，正好可以利用這些時間「充電」。倒過來看，觀光旅遊時，可趁機吸收新的事物，擴闊視野，充實自己，留待回到工作單位時發揮見聞所得的新情報和靈感。

紙本記事本 vs 電子記事本

科技發達，現在很多人會使用手提電話記事，事實上紙本記事本仍有一定價值，以下為兩者的優缺點比較：

	優點	缺點
紙本記事	1. 直接快捷，不需輸入電腦 2. 不會故障，不倚賴電池 3. 可隨意記下資料，較靈活 4. 方便自我增減項目	1. 資料分類較亂 2. 空間較少，需經常更換記事本 3. 查閱速度較慢 4. 較重，不方便攜帶 5. 防密性低，別人容易翻閱 6. 要配合筆使用
電子記事	1. 擁有多重功能，如EMAIL 2. 方便攜帶 3. 記憶空間多，容易儲存及攜帶資料	1. 會有損壞及電源問題 2. 成本較昂貴 3. 輸入資料較慢 4. 被作業系統規限

善用生活起居的瑣碎時間

生活起居中，總有許多例行公事，不可以不做，但許多時候稍不自律，又會浪費時間，嘗試改變一下你生活上的壞習慣吧！

❶ **睡不着時最好工作**——睡眠時間到了，最令人着急的是怎麼也睡不着，腦海仍不斷浮起各種想法，白天掛念的事情不斷在腦海中縈繞。遇到這種情形，不妨把掛念的事情先整理妥當。首先是找出不安的癥結，把問題、理由寫在便條紙上，再想想對策。想到了，便可安然入睡。要是還是想不到，便不要死守不放了。既然已將問題重點、理由寫下來，就應該消除懸念，休息去了。而思考工作是會花體力的，你累了自然能安然入睡。

另外，一些心理學家指出，睡覺前的狀態是最容易產生靈感的時候。有過這樣的經驗嗎？當你朦朦朧朧正要入睡時，忽然靈機一觸，想到一個點子，但由於懶於起床翻紙弄墨，便沒有記下。第二天起來時，卻再想不起那個自己也認為是極好的點子，多可惜啊！所以，最好在床前備有紙筆，想到某個點子時，馬上寫下來，哪怕只是一兩個字，翌日起來也不會毫無印象。

不過，要注意的是進行的工作不能過於刺激，否則會令自己更加難以入睡。無論如何，最好還是培養良好生活習慣，作息定時，減少失眠。睡眠不足，只會影響下一天的工作效率，招致雙重損失。

❷ **不要賴床**——賴床是一件非常不划算的事。賴床的時間既不能讓我們好好的休息，也會造成迫切的上班過程，使我們更花體力，甚至使內心產生悔疚感，影響工作情緒。

我們常說「一日之計在於晨」，早上醒來時心情是否愉快，多少會影響到一整天的工作效率。要感到精神暢快，除了要有充足的睡眠外，起床時的興奮感和期待也是很重要的。假如你醒來後不能馬上起床，便請想想當天最感興奮的事，那麼就會有動力，離開床鋪了。

你也可試試按下收音機或唱機，聽一些自己喜歡的音樂和節目，整天的心情便會變得輕鬆愉快。

❸ **善用梳洗、吃早餐時間**——如你養成早起床的習慣，便有充足的時間梳洗、吃早餐。雖然時間不多，但也可妥為利用。你可在這段時間聽聽新聞報導，跟家人閒談，增進感情，或邊吃早餐邊整理當天的日程等。

❹ **整理好自己的公事包**——日理萬機的你，對生活上的小節很容易便會忘記，不好好整理，它們會為你帶來大大的不便。小事如忘記攜帶鑰匙、銀包、備用眼鏡、電腦記憶棒等，都會令你花更多的時間來處理，單是沒帶鑰匙而要一大清早找人幫你開啟辦公室的門，已是很花時間的事。

為了避免忘記攜帶這些小東西，最好還是整理好自己的公事包。把所有要用的物品都清楚地分開放在公事包的小格裏，不用找來找去，浪費光陰。另外，把容易忘記攜帶的東西與你不會忘記攜帶的物品放在一起，好像把電腦記憶棒扣在鑰匙上，也能協助改善善忘的問題。

5 上網讀報——報紙對上班族來說，是一個重要的情報來源。雖然如此，幾乎沒有一位都市人能享有把報紙鉅細無遺地看一遍的奢侈。所以如何省時閱報就很重要了。

隨着科技發展，我們已有很多不同的途徑獲得新聞消息。閱讀實體的報紙本身是一件低效率的事情，從花時間購買、一頁一頁的尋找有用資訊，到記錄有用資料，對現今社會來說都是不方便的工作。因此**我們應該善用科技，上網讀報便划算得多了。除更便宜和環保之外，網站的結構讓你對當天發生的大小項目一目了然**，看見有興趣的標題才轉入看仔細內容，不需像報紙一頁一頁的翻閱。而且網站會為你提供該事件的相關新聞及資料，不需再花時間尋找。如發覺資料有用，要記錄下來，把該主題存下便可，不需找剪刀和小本子一大堆的。

同樣地，閱讀書籍也可在網上或手機上進行。購買電子書一來更為方便，二來也可減少儲存書籍的空間和整理的時間。

一般成年人聆聽的速度會比閱讀快很多，因此要吸收新知識，除閱讀書報外，還可收聽「網台」，或電台、電視台的網上重播節目。

6 養成良好的觀看電視習慣——看電視可以放鬆心情、解除疲勞，不過若為純粹消磨時間而看電視，便非常浪費，太過奢侈，因此我們應該也要從中學習新知識。

很多人一回到家中，便慣性開啟電視機，然後握着遙控器漫無目的地轉個不停。**這類「被動式」的資料蒐集方**

實施生活五常法

常整理
Sort
清楚地將需要、不需要的物品進行分類

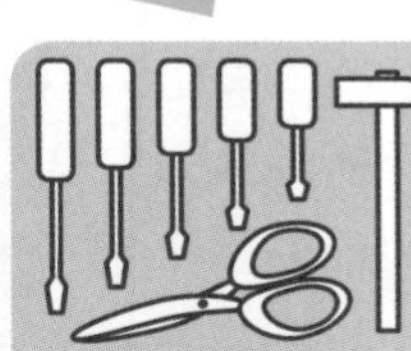

常整頓
Systematic arrangement
有條理地存放、整理物品

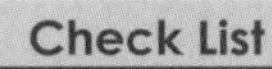

常清掃
Shine
清理地方，同時檢查各項物品的狀態

常清潔
Standardise
保持生活、工作環境乾淨清潔，減少疾病風險

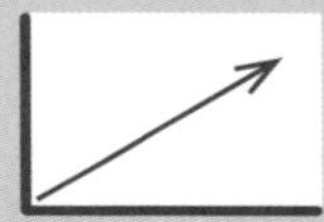

常紀律
Sustain
要把每一項工作養成習慣去執行

時間錦囊

五常法（**5S**）的目標是改善工作環境，以提高生產效率，我們也可以把 **5S** 實踐在個人生活中。

式是非常低效的，因此你要懂得主動選擇和自己有關的節目，到播放時間才開啟電視收看，以免被無聊的節目虛耗時間。

你也可以把電視節目錄下來，待工作過後、有倦意時才看。看的時候，可利用「快轉」把沒有興趣的和廣告部分刪掉。通常一小時的節目，不到20至30分鐘便可看完，這樣便能以最少的時間獲得最多有用的資訊。能夠寓娛樂於學習，寓學習於娛樂，實在是最好不過。

小心電視！！

醫學研究發現，每天看電視超過 4 小時，死於心血管疾病的機率，較每天看電視不到兩小時的人，大幅提高 80%。每天即使只看電視一小時，死於心臟病的機率也會提高約 20%。

這是因為長時間坐着不動，會對血糖及血脂指數造成負面影響。因此最好是一面看，一面做點簡易運動。

責任編輯：林于鈴
封面設計：莫穎兒
裝幀設計：盧韋斯
排版：盧韋斯
印務：劉漢舉

圖解時間管理學

著者　梁佩玲

出版　非凡出版
香港北角英皇道 499 號北角工業大廈 1 樓 B
電話：（852）2137 2338　傳真：（852）2713 8202
電子郵件：Info@chunghwabook.com.hk
網址：http://www.chunghwabook.com.hk

發行　香港聯合書刊物流有限公司
香港新界大埔汀麗路 36 號　中華商務印刷大廈 3 字樓
電話：（852）2150 2100
傳真：（852）2407 3062
電子郵件：info@suplogistics.com.hk

印刷　美雅印刷製本有限公司
香港觀塘榮業街 6 號海濱工業大廈 4 樓 A 室

版次　2015 年 8 月初版
2017 年 10 月第 3 次印刷

規格　32 開（210mm x 148mm）

ISBN　978-988-8366-19-4